科研实用软件简明教程

李小明 吕明 邢相栋 邹冲 编著

扫码获取
更多数字资源

北 京
冶金工业出版社
2021

内 容 提 要

本书以科研工作进程为主线，结合实例，介绍了文献搜集及管理软件EndNote、方案流程设计软件 Visio、实验设计及分析软件 Minitab、数据处理及图形绘制软件 Origin、设备及工艺模拟软件 Fluent、热力学计算软件 FactSage等的典型应用。本书既兼顾基础知识简介，又着重于软件在科研活动中的实际运用案例讲解。

本书既可作为大学生进入科研领域、熟悉工具软件的入门教科书，也可供科研人员、工程技术人员、高校师生从事科研工作，进行文献管理、实验设计、图形绘制、数据分析、数值模拟及热力学计算参考。

图书在版编目(CIP)数据

科研实用软件简明教程／李小明等编著 . —北京：
冶金工业出版社，2021.1
ISBN 978-7-5024-8642-6

Ⅰ.①科… Ⅱ.①李… Ⅲ.①科学研究—应用软件—
教材 Ⅳ.①TP317

中国版本图书馆 CIP 数据核字(2020)第 217713 号

出 版 人 苏长永
地 址 北京市东城区嵩祝院北巷 39 号 邮编 100009 电话 (010)64027926
网 址 www.cnmip.com.cn 电子信箱 yjcbs@cnmip.com.cn
责任编辑 曾 媛 美术编辑 彭子赫 版式设计 禹 蕊
责任校对 李 娜 责任印制 李玉山
ISBN 978-7-5024-8642-6
冶金工业出版社出版发行；各地新华书店经销；三河市双峰印刷装订有限公司印刷
2021 年 1 月第 1 版，2021 年 1 月第 1 次印刷
787mm×1092mm 1/16；18.75 印张；455 千字；289 页
52.00 元

冶金工业出版社 投稿电话 (010)64027932 投稿信箱 tougao@cnmip.com.cn
冶金工业出版社营销中心 电话 (010)64044283 传真 (010)64027893
冶金工业出版社天猫旗舰店 yjgycbs.tmall.com
(本书如有印装质量问题，本社营销中心负责退换)

前　言

　　科学技术是对客观世界的系统认识，是正确世界观、认识论和方法论形成的基础，是社会和谐、可持续发展的知识基础和技术支撑，是国家实力的体现，是人类文明发展的动力。谁掌握了最先进的科学技术，谁就掌握了优势，掌握了未来。

　　科学技术的进步依靠大量科技人员。科技人员在科技活动中要进行大量的科学研究，涉及文献检索及整理，试验设计及分析，技术路线绘制、流程图绘图、试验装置图绘制，试验数据图形化处理、数据统计学分析，热力学计算，工艺仿真及数值模拟，科研总结及汇报等活动。

　　在大众创业、万众创新，高校双一流建设等大背景下，科研活动已成为创新的重要载体。随着计算机技术的进步，依靠人工进行的工作逐渐由专门化的软件完成。为大量的科研人员、工程技术人员提供科研工具软件使用案例教程，对提高科研工作效率具有积极意义。为科研后生力量博硕士研究生提供系统化的科研工具知识，对研究生快速进入科研活动有重要的现实意义。

　　本书以科研活动进程为主线，着重介绍文献搜集及管理→方案流程绘制→实验设计→数据处理及图形绘制→设备及工艺模拟→热力学计算→科研活动展示等内容。

　　全书共分为 6 章，涉及多种软件：

　　EndNote 文献管理：着重介绍 EndNote 文献检索方法、文献管理、参考文献输出格式定制、EndNote 与 Word 写作的融合等。

　　Visio 方案流程及装置图绘制：着重介绍研究方案的设计方法，Visio 软件主要功能，结合实例介绍流程图绘制、技术路线图绘制、实验装置图绘制、照片裁剪/添加标尺等应用。

　　Minitab 实验设计及分析：着重介绍实验设计方法、Minitab 软件主要功能，结合实例介绍正交试验设计及响应曲面试验设计和数据分析方法等。

　　Origin 数据处理及图形绘制：着重介绍数据处理的意义、Origin 软件主要功能、结合实例介绍二维柱状图绘制、柱状图-点线图绘制、XRD 图绘制、线性拟合、多项式拟合、三维图绘制、模板制作、TGA 分析、结晶度计算、FTIR

和 RAMAN 图处理、合并多图处理、GetData 数据获取、图形发布等。

Fluent 数值模拟及冶金应用：着重介绍数值模拟方法、Fluent 软件功能，进行转炉氧枪自由射流、连铸结晶器流场温度场模拟演示。

FactSage 冶金热力学计算及冶金应用：着重介绍热力学计算方法、FactSage 软件功能，进行物质热力学数据库查询、化学反应参数计算、相图计算、优势区图绘制、熔渣黏度及熔化温度计算、E-pH 图绘制、电解质中氧化铝溶解度计算等实战演示。

本书第 1 章和第 4 章由李小明编著，第 3 章由邢相栋编著，第 2 章和第 6 章由邹冲和李小明编著，第 5 章由吕明编著。博士研究生王国华、牛亮、王伟安、王建立，硕士研究生李怡、闻震宇、杨海博、臧旭媛、贺芸、席浩栋、李航、郑建潞、庞焯刚、张龙等参与了书稿的整理和校对。全书由李小明统稿。

本书在编写过程中参考了部分书籍资料、网络资料及视频资料，特向原作者表示真挚的谢意。

由于水平所限，书中不足之处，敬请读者批评指正。

编著者
2020 年 6 月

目　录

1　EndNote 文献管理

获取本章
数字资源

本章提要

1. 文献类型及文献的正确引用。
2. 文献管理的意义。
3. EndNote 文献导入及数据库管理。
4. EndNote 与 Word 的结合使用。

文献是指通过一定的方法和手段、运用一定的意义表达和记录体系记录在一定载体的有历史价值和研究价值的知识，如图书、期刊、专利等。

无论从事哪一项科学研究，都必须进行文献研究，以便掌握有关学科的发展动态，了解前人已取得的成果以及各学科领域出现的新问题、新观点，以确定自己研究的起点、内容和目标。

面对种类繁多、数量日积月累积攒的大量科学文献，如何检索、整理、规范引用参考文献是科研工作中面临的第一个问题。

1.1　文献引用

参考文献是学术图书和论文的有机组成部分，注明了被引理论、观点、方法、数据的来源，是学术图书和论文参考的范文和深度的体现，是反映图书和论文的真实性、作者科学学风和评价作者著作学术影响力的科学依据，是对期刊论文进行引文统计和分析的重要信息来源。

引用文献的方法是：对于观点，需要重新总结在文章中描述，并注释；对于数字，需要准确使用，标明来源并注释；对于经典论述，需要引用原文的，应在文章中将原文用双引号括起来，并注明出处。

正文中参考文献的标注要正确：用阿拉伯数字编码的文献序号顺序不要颠倒；序号用［］括起，同一处无论引用几篇文献，各篇文献的序号应置于一个［］内，并用逗号分隔或连字符连接；多次引用同一著者的同一文献，只需编 1 个首次引用时的序号；［］通常置于责任者（多于 2 人可写作"1 人等"且可只著录姓）的右上标，也可放在引文末尾的上标处，有时也可放在行文中，如"参照文献［3］的方法……"；同一出版物中不要混用两种著录体系；文献表中的序号应与正文中标注的一一对应。

文后参考文献著录格式要符合图书或期刊的规定要求，注意标点、人名是否省略，英文作者姓名顺序及是否缩写，期刊名是否缩写等。

文献类型标志：普通图书 M；会议录 C；汇编 G；报纸 N；期刊 J；学位论文 D；报告 R；标准 S；专利 P；数据库 DB；计算机程序 CP；电子公告 EB。

■ 1.2　文件格式

EndNote 是一个专门用于科技写作（如科技图书、学位论文、期刊论文、科技报告）中管理参考文献数据库的软件，可以根据要求自动生成参考文献，便于写作中自动套用参考文献格式，同时可方便调整参考文献格式，管理已有文献并查找。可以方便地在 Word 中插入所引用的文献，软件自动根据文献出现的先后顺序编号，对文章中的引用进行增、删、改以及位置调整都会自动重新排序，并将引用的文献插入到文章中适当位置。文章中引用处的形式（如数字标号外加中括号的形式，或者是作者名加年代的形式等）以及文后参考文献列表的格式都可自动随意调整。掌握其主要功能可大幅提升科技写作中文献的整理效率。EndNote 有关文件的格式见表 1-1。

表 1-1　EndNote 有关文件的格式一览表

序号	名称	文件格式	保存文件夹	备　注
1	数据库连接文件	.enz	Connections	用于连接远程数据库
2	过滤器文件	.enf	Filters	用于从 TXT 数据文件中导入数据
3	参考文献格式文件	.ens	Styles	设置文档中的参考文献格式
4	投稿模板文件	.dot	Templates	Word 模板文件，包含宏代码
5	术语列表文件	.txt	Terms Lists	使用后文件数目会自动增加，会记录 Author、Journal 和 Keyword 等信息，可用记事本工具编辑
6	数据库文件	.enl	自定义	EndNote 的默认格式，必须与一个同名数据文件（.Data）配合使用
7	数据库导入文件	.enw	自定义	双击此类文件，其文件内容就导入到一数据库文件中
8	数据库压缩文件	.enlx	自定义	数据库文件的压缩格式
9	数据检文件	.enq	自定义	保存数据检条件

EndNote 中用到的概念：

（1）Library：用来存储参考文献数据的文件，即文献数据库；

（2）Reference：参考文献；

（3）Reference Type：参考文献类型，比如 Journal Article、Book 等；

（4）Style：样式，即参考文献在文章末尾显示的格式，每种期刊不尽相同；

（5）Filter：把通过检索得来的参考文献导入（Import）EndNote 时所用的过滤方式，每个搜索引擎输出的数据格式不同，导入数据时需根据搜索引擎选择对应的 Filter。

■ 1.3　现存数据库打开

如果已有 EndNote 数据库，则直接双击打开；或者在打开的 EndNote 软件中选择相应的路径打开。下面以打开 EndNote X8（此处以英文版为例，该软件也提供中文界面，有些中文版在编辑 style 时容易出错）自带例子 Sample_ Library_ X8 为例，其打开方式为：用工具栏上的图标或者 File→Open Library，选择文件路径（默认安装，该示例在 C:\ Program Files（x86）\ EndNote X8 目录下的 Examples 文件夹中），打开后的界面如图 1-1 所示。

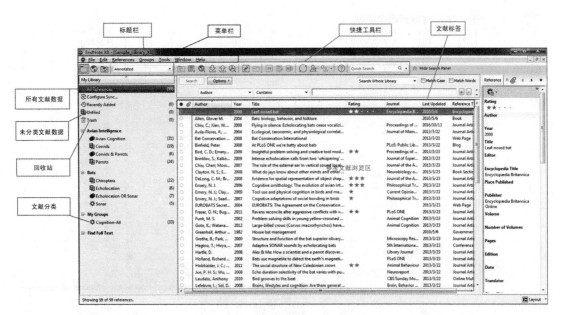

图 1-1

1.4　文献数据库题录创建

读者可将自己对某一课题关注的文献进行归类汇总，建立专题数据库。下面以新建一个名为 Snake 的数据库文件为例，介绍如何建立本地数据库。

首先在程序的主界面，选择 File→New→选择保存地址→输入文件名→保存（保存的文件格式为 .enl 格式）即可建立本地数据库文件，之后可以采用手动输入、联网检索、格式转换、本地导入、网站输出的方式创建数据库文献条目，如图 1-2 所示。

1.4.1　手工输入

该方法主要针对无法直接从网上下载的文献或者已有文献，工作量较大。

方法是：References→New Reference→Reference Type 下拉菜单选择文献类型→在各字段中键入已知参考文献各字段数据→保存。在键入时注意人名的位置必须一个人名占一行，否则软件无法区分是一个人名还是多个人名（关键词也是如此），一条记录输入完毕，点击右上角关闭并保存。

1.4.2　本地导入

该方法主要针对已在本地存储有相关信息的文献（即已有文献题录信息）。

方法是：File→Import→File/Folder→Choose File/Folder→Import Option→Duplicates（全选/弃去重复）→Text Translation（视具体情况）→点击 Import 按钮即可。如果发现文献没有正确导入，可能是 Import Option 或 Text Translation 设置不正确引起，重新选择后导入，如图 1-3 所示。

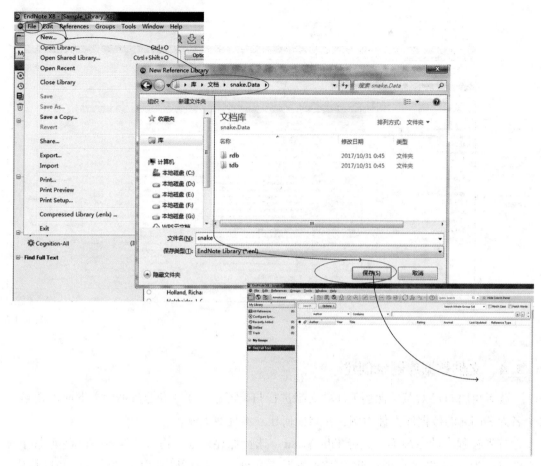

图 1-2

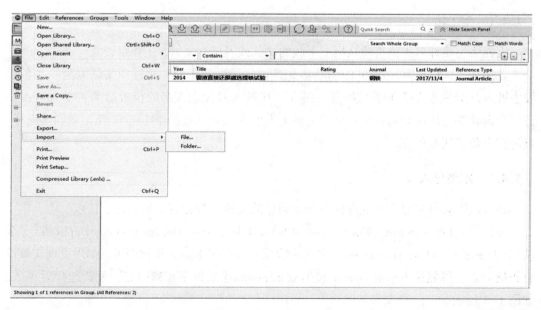

图 1-3

该方法可将通过各种网络数据库导出的文献信息导入 EndNote 数据库。

1.4.3 联网检索

该方法可通过联网的形式直接建立数据库文献条目，是建立数据库条目及其对应文献的最方便的形式，对应的文献全文可能受数据库运营商权限或 IP 地址限制无法实现检索或下载。

利用该方法可大致分为三步：

步骤一 设置常用数据库。

方法 1：Edit→Connection Files→Open Connection Manager→选择常用的数据库→关闭（图 1-4）。

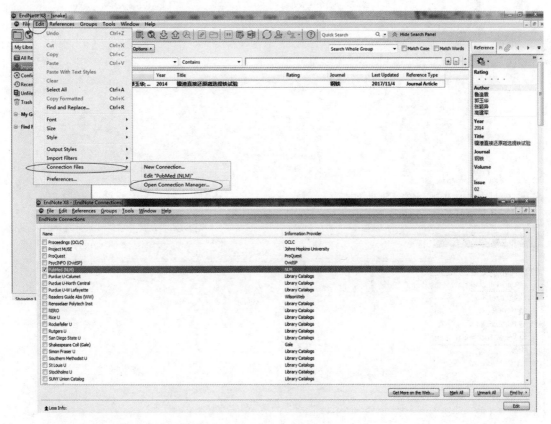

图 1-4

方法 2：导航栏→more...→选择常用的数据库→Choose（图 1-5）。

步骤二 检索。

方法 1：Tools→Online Search→选择数据库→打开 Search 对话框并进行检索（图1-6）。

方法 2：导航栏选择数据库→打开 Search 对话框并进行检索（图 1-7）。

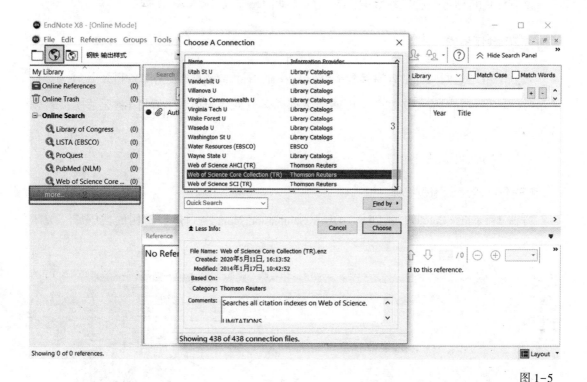

图 1-5

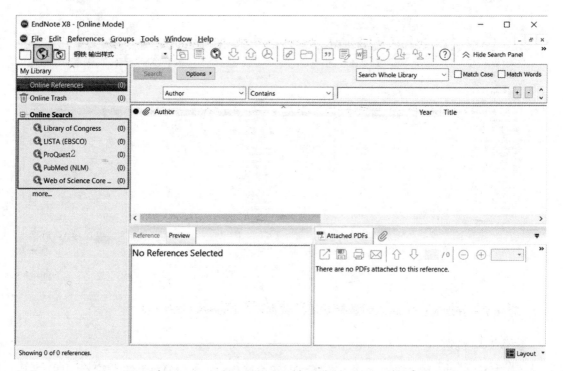

图 1-6

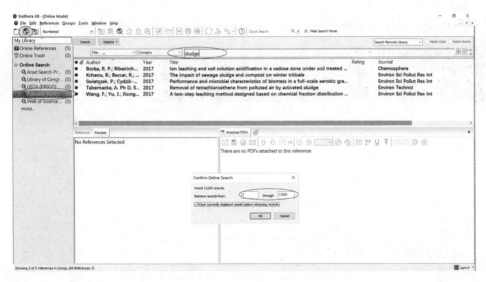

图 1-7

步骤三 下载保存。

下载完成后保存到相应的数据库。如要获得文献全文，在相应文献上点击右键→Find Full Text。

1.4.4 网站输出

各种中英文数据库都提供相应的文献条目信息，用户可方便地通过访问各文献数据库网站，在查找文献全文的同时，将相应的文献信息输出，并导入到 EndNote 数据库里进行管理。常见的中英文数据库有 ISI Web of Science、SpringerLink、Elsevier ScienceDirect、EI Engineering Village、CNKI 期刊数据库、万方数据库、维普中文科技期刊、Google Scholar、百度学术等。

1.4.4.1 ISI Web of Science 文献输出

步骤一 输入网址 http://isiknowledge.com/ 或通过各单位提供的导航进入；

步骤二 检索并选定需要的文献（图 1-8）；

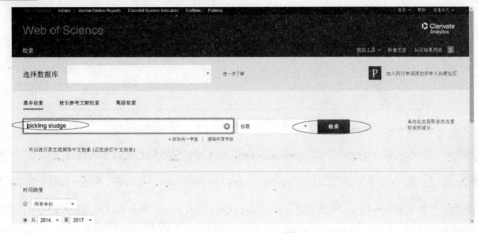

图 1-8

步骤三 保存选定的文献到 EndNote Desktop→发送→下载（图 1-9）；

图 1-9

步骤四 导入 EndNote，方法是 File→Import→File...→Choose（选择保存的文件名）（注：Import Option 选 ISI-CE 格式）→Import（图 1-10）。

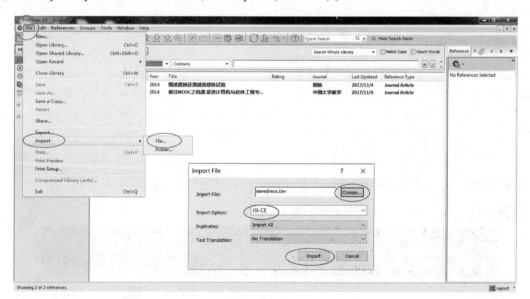

图 1-10

1.4.4.2 SpringerLink 文献输出

步骤一 输入网址 https://link.springer.com/ 或通过各单位提供的导航进入；

步骤二 检索并选择相关文献→Export citation→EndNote→下载（图 1-11 和图 1-12）；

步骤三 导入 EndNote，方法是 File→Import→File...→Choose（选择保存的文件名）（注：Import Option 选 Reference Manager（RIS）格式，文献只能单篇导入）→Import（图 1-13）。

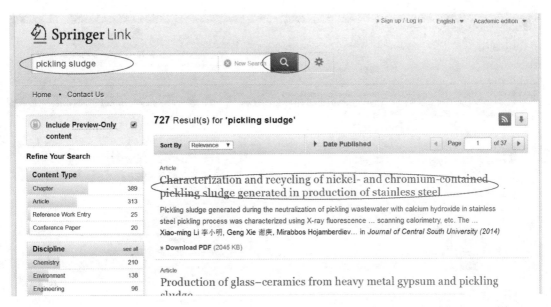

图 1-11

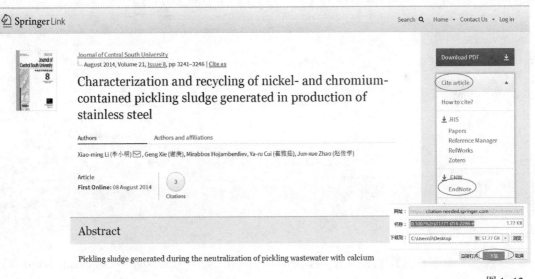

图 1-12

1.4.4.3　Elsevier 文献输出

步骤一　输入网址 http://www.sciencedirect.com/ 或通过各单位提供的导航进入；

步骤二　检索并选择相关文献→Export citations to RIS→下载（图 1-14）；

步骤三　导入 EndNote，方法是 File→Import→File…→Choose（选择保存的文件名）（注：Import Option 选 Reference Manager（RIS）格式）→Import。

1.4.4.4　EI 文献输出

步骤一　输入网址 http://www.engineeringvillage.com 或通过各单位提供的导航进入；

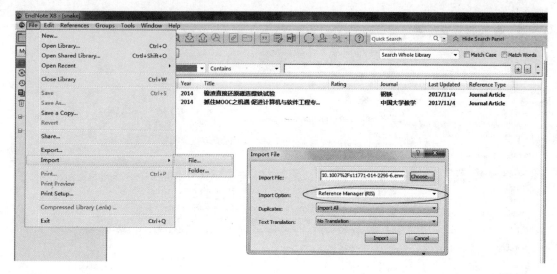

图 1-13

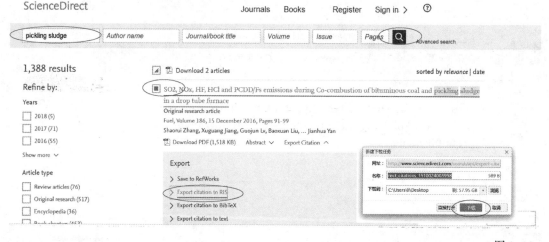

图 1-14

步骤二 检索并选择相关文献→Download record(s) →EndNote→Download record(s)（图 1-15）；

步骤三 导入 EndNote，方法是 File→Import→File…→Choose（选择保存的文件名）（注：Import Option 选 EndNote Import 格式）→Import。

1.4.4.5 CNKI 中国知网文献输出

步骤一 输入网址 http://www.cnki.net/或通过各单位提供的导航进入；

步骤二 检索并选择文献→导出/参考文献→EndNote 格式→导出到本地文件→保存（图 1-16 和图 1-17）；

步骤三 导入 EndNote，方法是 File→Import→File…→Choose（选择保存的文件名）（注：Import Option 选 EndNote Import 格式）→Import（图 1-18）。

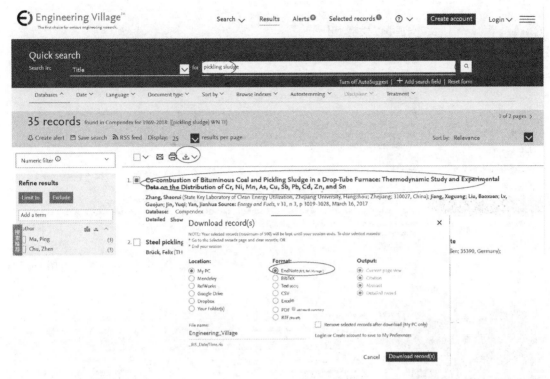

图 1-15

图 1-16

1.4.4.6　万方数据库文献输出

步骤一　输入网址 http://www.wanfangdata.com.cn/ 或通过各单位提供的导航进入；

步骤二　检索文献→勾选相关文献→导出→选择 EndNote 导出→下载（图 1-19~图 1-21）；

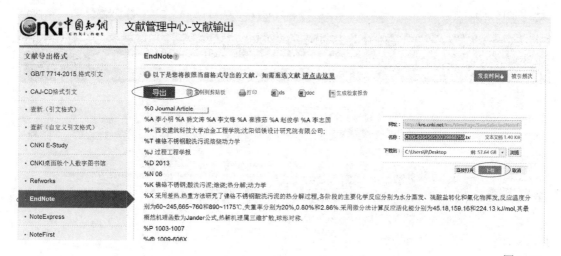

图 1-17

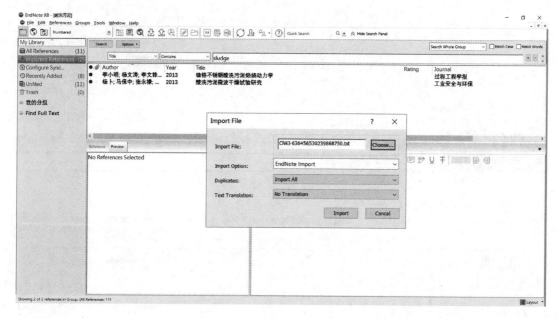

图 1-18

步骤三 导入 EndNote，方法是 File→Import→File...→Choose（选择保存的文件名）（注：Import Option 选 EndNote Import 格式）→Import（图 1-22）。

1.4.4.7 维普文献输出

步骤一 输入网址 http://www.cqvip.com/或通过各单位提供的导航进入；

步骤二 检索并选择文献→导出题录→EndNote 格式→导出到本地文件→下载（图 1-23~图 1-25）；

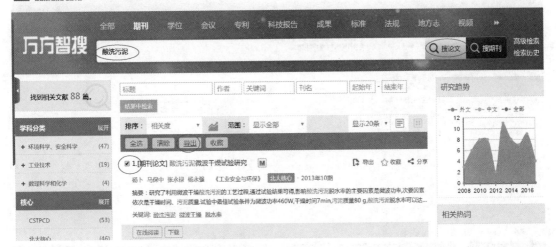

图 1-19

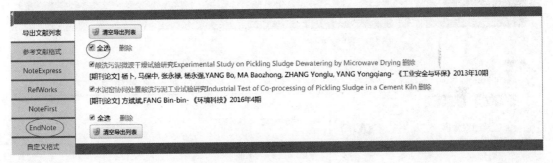

图 1-20

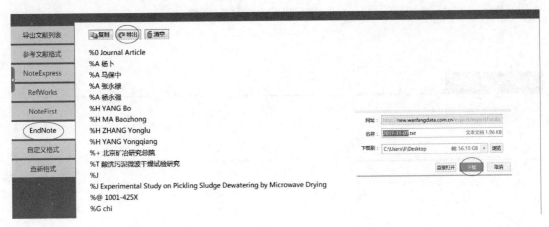

图 1-21

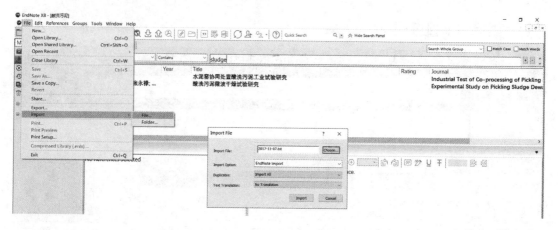

图 1-22

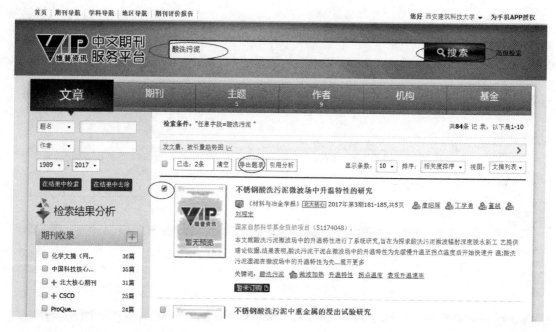

图 1-23

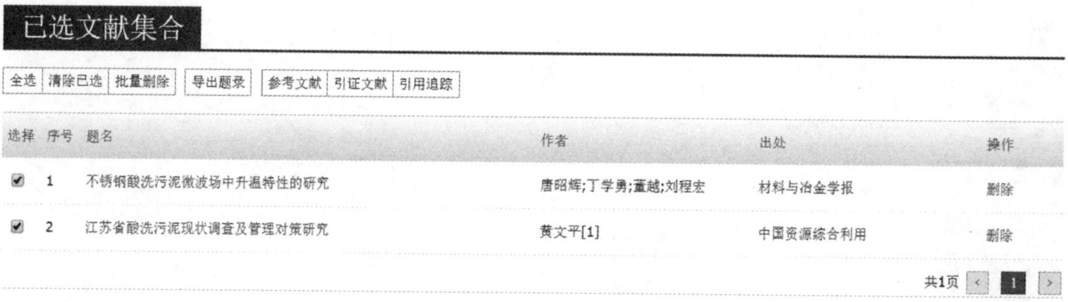

已选文献集合

全选 清除已选 批量删除 导出题录 参考文献 引证文献 引用追踪

选择	序号	题名	作者	出处	操作
☑	1	不锈钢酸洗污泥微波场中升温特性的研究	唐昭辉;丁学勇;董越;刘程宏	材料与冶金学报	删除
☑	2	江苏省酸洗污泥现状调查及管理对策研究	黄文平[1]	中国资源综合利用	删除

共1页 ‹ 1 ›

图 1-24

您总共勾选了2篇文献

图 1-25

步骤三 导入 EndNote，方法是 File→Import→File…→Choose（选择保存的文件名）（注：Import Option 选 EndNote Import 格式）→Import（图 1-26）。

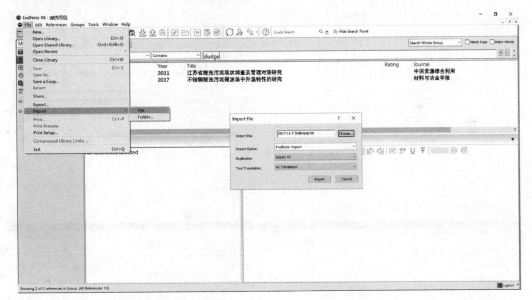

图 1-26

1.4.4.8　Google Scholar 文献输出

步骤一 输入网址 http://gfsoso.fcczp.com/Scholar.html；

步骤二 检索并选择文献→导出文献选 **99** 形式图标→EndNote 格式→导出到本地文件→保存（图 1-27 和图 1-28）；

步骤三 导入 EndNote，方法是 File→Import→File…→Choose（选择保存的文件名）（注：Import Option 选 EndNote Import 格式）→Import。

注：选择 Text Translation 时，对于中文文献选 UTF-8 或 No Translation；对于英文文献选 No translation（图 1-29）。

图 1-27

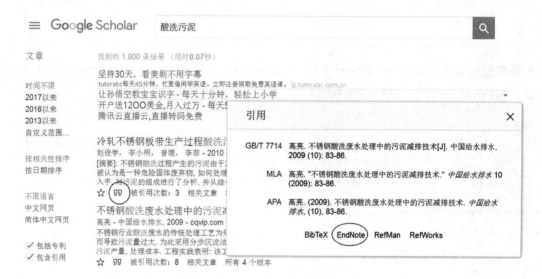

图 1-28

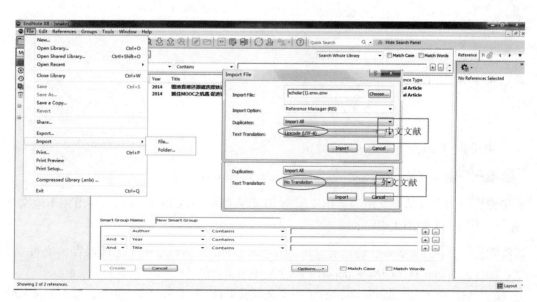

图 1-29

1.4.4.9 百度学术文献输出

步骤一 输入网址 http://xueshu.baidu.com/；

步骤二 检索文献→选择单文献引用或批量引用→导出至 EndNote→下载（图 1-30~
图1-33）；

图 1-30

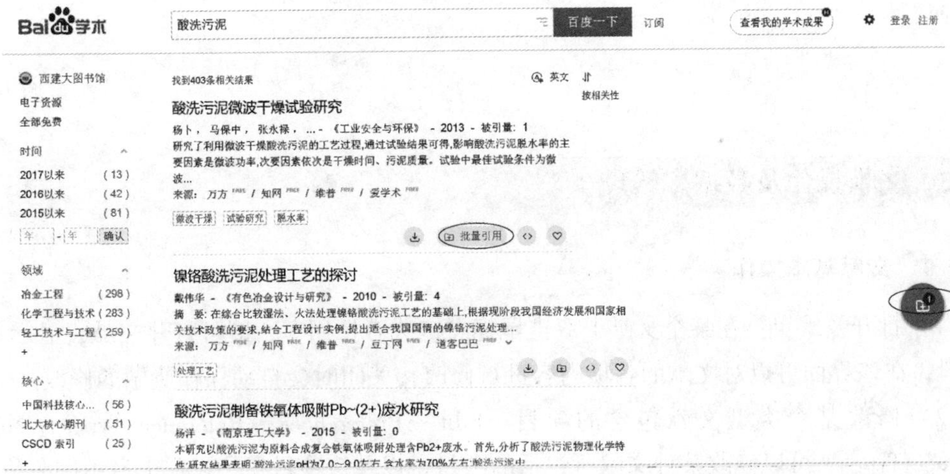

图 1-31

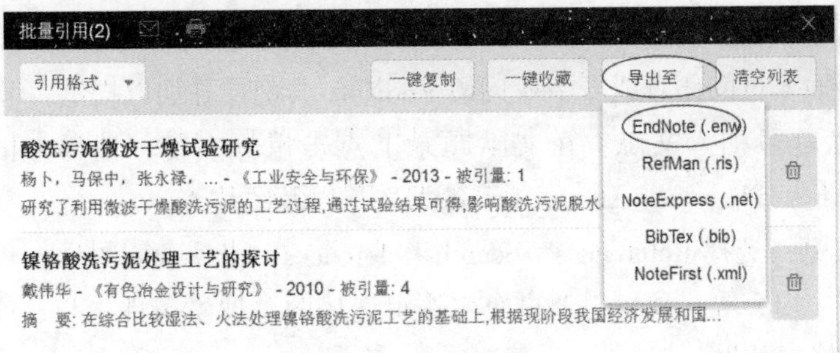

图 1-32

图 1-33

步骤三　导入 EndNote，方法是 File→Import→File…→Choose（选择保存的文件名）（注：Import Option 选 EndNote Import 格式）→Import（图 1-34）。

图 1-34

1.5　文献操作及数据库管理

1.5.1　文献基本操作

（1）打开及编辑：在某个文献上双击鼠标左键或者按回车，即可打开文献，显示其详细资料。在该界面可以对文献的各项内容进行修改，关闭时会自动保存所做的修改。

（2）修改某个类型文献包含的项目：Edit→Preferences→Reference Types→Modify Reference Types。可以修改某种文献所包括的项目，以及该项目在字段栏中显示的名称。

（3）修改字段栏显示内容：Edit→Preferences→Display Fields。可以选择字段栏中显示的项目。

（4）简单添加文献：Reference→New Reference，可以添加新文献的各个项目以及选择文献类型。以前输入过的作者或者专业词语 EndNote 会记住并加以提示，节约时间。

（5）给文献题录加入文献：在文献题录上点击鼠标右键，选择 File Attachments→Attach File 可以插入 pdf、doc、xls、ppt 等各类文献以及图片等。

（6）检索文献：选择 References→Search References，出现搜索界面。可以选择搜索的字段和搜索条件、内容等，还可以通过布尔逻辑连接两个搜索条件，与、或、非等，点击 Search 即可得到检索结果。

（7）改变文献显示格式：通过工具栏 　　　　　　　　　 上的下拉显示条进行切换，选择相应的输出样式。

1.5.2　添加文献附件

前文讲到的只是在 EndNote 数据库里添加了参考文献的条目信息（通过在线检索添加全文的方式可为对应的文献条目增加文献全文），如果在本地存储有文献所对应的 Pdf/Word/Excel 等格式附件，可以通过以下方式添加进数据库。

方法：该条文献处点击右键→File Attachments→Attach File→选择文件→打开（图 1-35）；或 References 菜单→File Attachments→Attach File→选择文件→打开（图 1-36）。

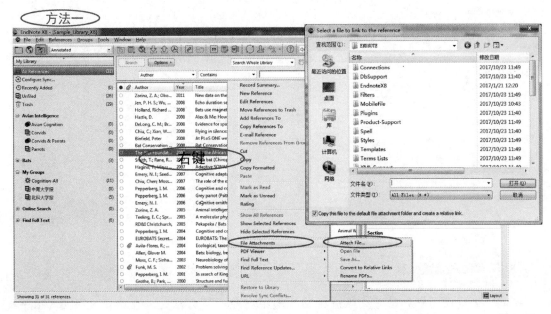

图 1-35

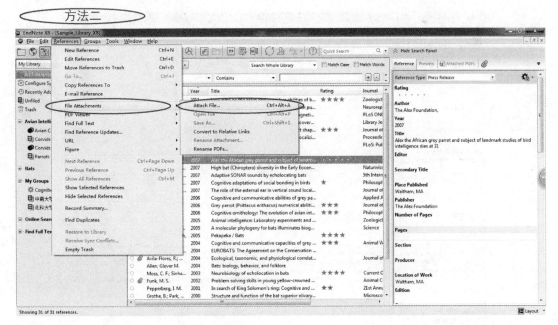

图 1-36

1.5.3 添加文献图片

方法：该条文献处点击→References→Figure→Attach Figure→选择图片→打开（图 1-37）。

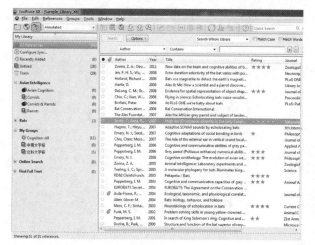
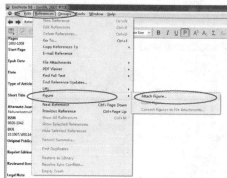

图 1-37

1.5.4 添加文献笔记

EndNote 提供用户对参考文献进行阅读笔记增删，其方法是：在该条文献处双击→Research Notes→手工输入笔记内容→保存（图 1-38 和图 1-39）。

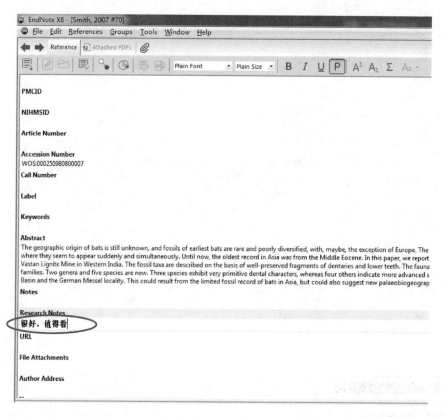

图 1-38

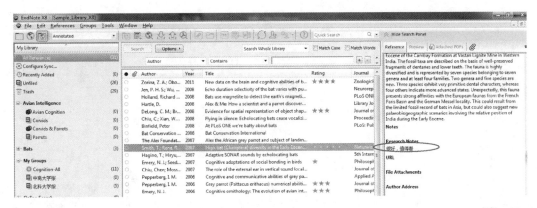

图 1-39

如打开后找不到 Research Notes，则可通过以下步骤添加：Edit→Preferences→Display Fields→增加（图 1-40）。

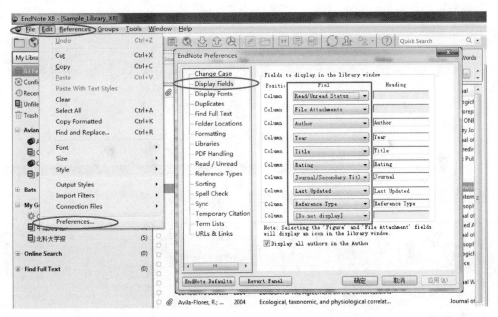

图 1-40

1.5.5 查找文献全文

EndNote 提供了在线检索全文的功能，方法是：选择需要查找全文的文献→右键→Find Full Text→Find Full Text…→OK→自动查找（若该条文献题录前面有曲别针标示则代表查找到全文），可能受限于数据库版权，全文的查找不一定能正常进行，或者无法下载（图 1-41 和图 1-42）。

1.5.6 文献查重

在文献汇总进入 EndNote 库时，若有重复条目录入，可根据需要删除相应重复文献。首先设置判定重复的依据：Edit→Preferences→Duplicates→选择条件（图 1-43）。

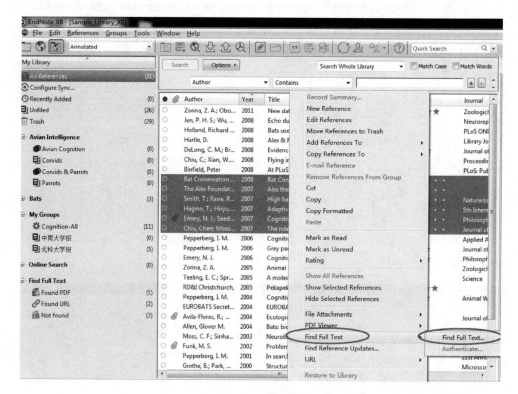

图 1-41

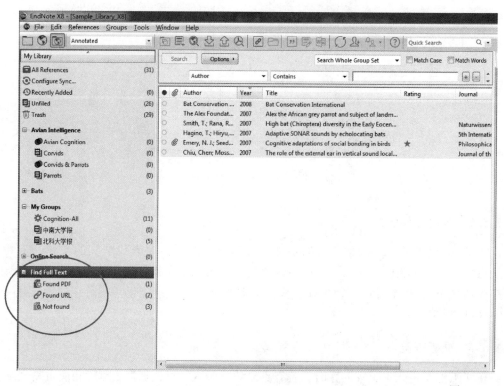

图 1-42

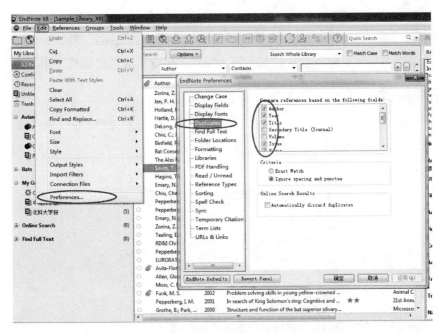

图 1-43

手动查重：References→Find Duplicates，在弹出的对话框中会以双列显示重复的参考文献，然后选择保留哪一个。如果选择 Cancel，可以回到 EndNote，一次性删除重复的参考文献（图 1-44）。

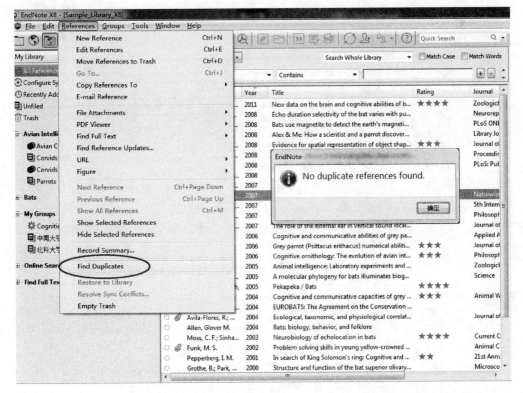

图 1-44

　　自动去重：Edit→Preferences→Duplicates，选择 Automatically discard duplicates 打勾，这样，EndNote 在查询文献或者导入文献时，如果发现有重复，就会自动把重复的参考文献删除。

　　根据所选查重条件不同，查重结果有所不同。文献查重应考虑简写、缩写情况。

1.5.7　文献查找

　　方法：Tools→Search Library…，在打开的对话框选择搜索选项，输入搜索关键词，即可在当前数据库中查找相关文献（图 1-45 和图 1-46）。

图 1-45

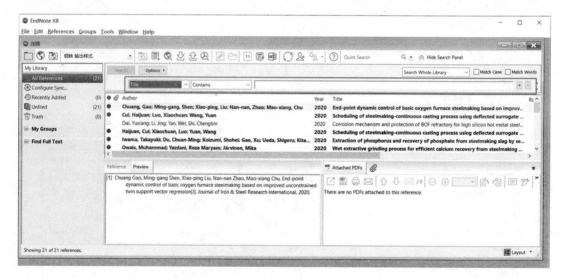

图 1-46

1.5.8　文献分组

　　如果某文献题录数据库内容范围较宽泛，可将数据库进行内容分组管理。分组可由用户逐一选择文献进行，也可由软件根据提供的判据自动创建。

　　Custom Group：选中要新建分组的文献集合→右键→Add References To→Create Custom Group→重命名→保存。该方法允许用户选择文献创建组（图 1-47 和图 1-48）。

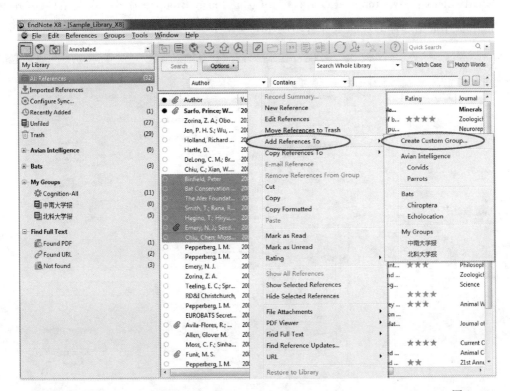

图 1-47

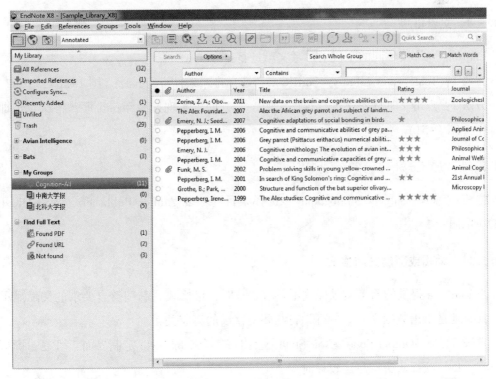

图 1-48

Smart Groups：My Groups 处点击右键→Create Smart Group→命名→设置条件→Create。该方法由软件根据选择的控制条件自动创建组（图1-49）。

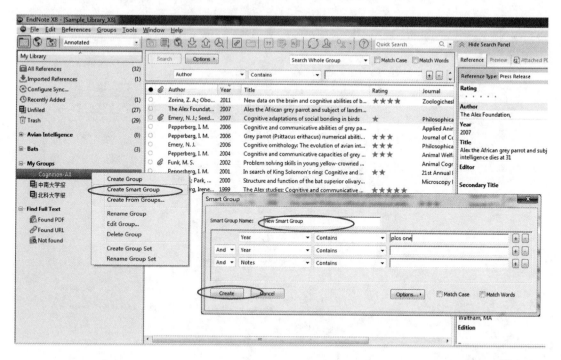

图1-49

1.5.9　文献排序

EndNote 允许按不同的字段对参考文献进行排序。

方法1：Tools→Sort Library→Sort by…→选择排序条件进行排序（图1-50）；

方法2：点击文献标签栏进行排序，如 Year，即可实现按照年份排序；再次点击即逆向排序（图1-51）。

1.5.10　文献分析

方法：Tools→Subject Bibliography→选择条目（Year/Author/Publisher/…）→OK（图1-52 和图1-53）。

1.5.11　编辑或新建文献格式

当 EndNote 提供的参考文献样式不符合要求时，可修改或新建符合要求的文献显示样式。其原理是给出数据文件中的标识符与相应字段的对应关系。

方法：Edit→Output Style→New Style，会出现一个空的 Style 定制界面，可逐一撰写样式内容，每一项都从头撰写比较耗时。

建议找一个相似的格式进行修改，具体操作为：

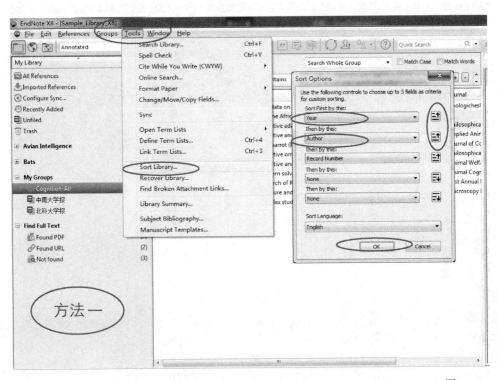

图 1-50

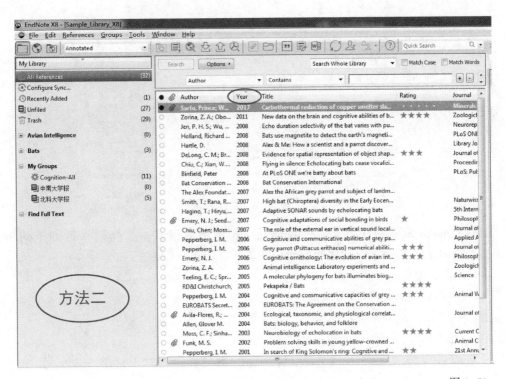

图 1-51

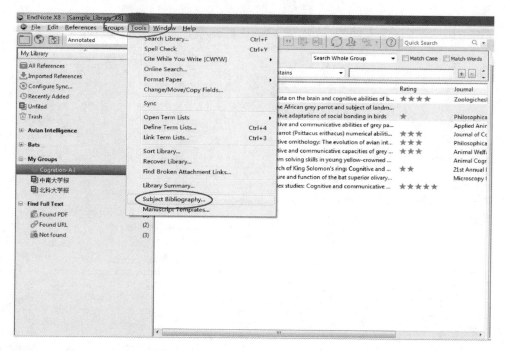

图 1-52

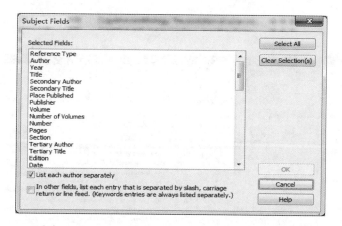

图 1-53

　　Edit→Output Style→Open Style Manager→预览已有格式，选择最接近期望的格式（Preview）→Edit；修改后保存成容易辨识的名字（图 1-54 和图 1-55）。

　　其中几个关键显示的意义如下：

　　（1）Page Numbers：页的显示形式。

　　（2）Sections：确定参考文献位于每章或文章末尾。

　　（3）Citations：正文文献的显示格式。

　　—Templates：确定是显示为人名及出版年形式，如［Tom，2002］或序号形式，如［1］；

　　—Author List：确定作者的列表形式及分割符号等；

　　—Author Name：确定作者名字的显示形式，对英文作者可修改姓和名的先后顺序或姓

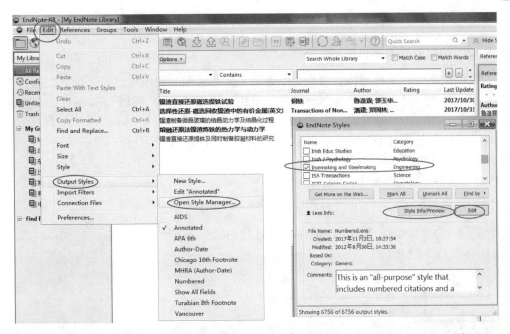

图1-54

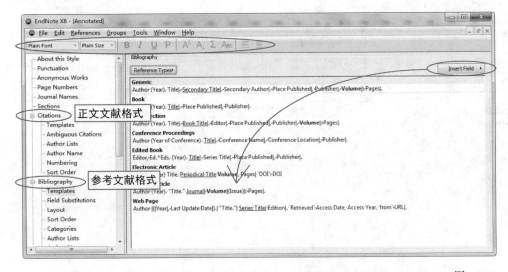

图1-55

与名之间的分隔符号；

　　—Sort Order：选择文献的显示形式。

　　（4）Bibliography：文后参考文献的显示格式。

　　—Templates：各种文献的字段及显示形式，可根据实际需要进行修改；

　　—Author List：确定作者的列表形式、分割符号、省略形式等；

　　—Author Name：确定作者名字的显示形式，对英文作者可修改姓和名的先后顺序或姓与名之间的分隔符号；

　　—Layout：确定文献序号的显示形式；

　　—Sort Order：确定文献的排列顺序。

修改完毕保存，即可选用，如有不合适的地方，按照以上顺序重新调整。

1.5.12 编辑或导入期刊缩写

在投稿论文时，某些刊物要求论文中参考文献显示期刊的缩写，而一般从数据库中导出的文献条目大多是期刊的全称，此时可以采用以下策略解决，以后 EndNote 会根据需要进行期刊是否缩写的自动转换。

此处介绍两种期刊缩写的解决方案：一种是手工添加每种期刊的缩写；另一种是使用文本文档（txt 格式）批量修改。

1.5.12.1 文献缩写手工逐条输入

步骤一 Tools→Open Term Lists→Journal Term Lists；

步骤二 选中需要的期刊→Edit Term→打开对话框→填写 Abbreviate 1，Abbreviate 2，Abbreviate 3（图 1-56）；

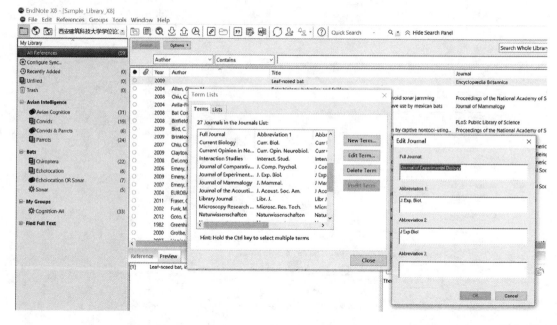

图 1-56

步骤三 若 List 中没有需要的期刊，可以手工添加→New Term…。

1.5.12.2 文献缩写批量文本输入或将已有的缩写文档导入

如果有多个期刊，需要一次性编辑缩写，可以打开"记事本"，在其中每行输入一种期刊，首先输入期刊全名，紧接着输入期刊的缩写 1、缩写 2 等，期刊全名与缩写之间用空格（或按 Tab 键）隔开，如图 1-57 所示（此处列举每种期刊的两种缩写样式供参考）。

有科研工作者已经将多个期刊的缩写录入，可搜集包含多个期刊缩写的文档使用（需注意其中录入的期刊不一定是自己需要的，而且期刊名的字符大小写也会影响后续使用，请进行二次修改）。

编辑好或搜集好相关缩写文档后，按以下步骤导入 EndNote 软件：

Tools→Open Term List→Edit Term→Journal Term Lists→打开对话框→选择 List 栏目→选中 Journal List→Import List→导入缩写文档（图 1-58）。

图 1-57

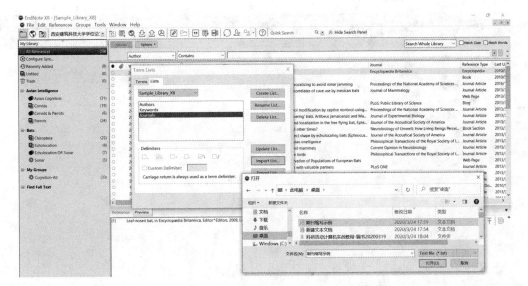

图 1-58

注意：不同的 Library 需要各自分别导入一次。

当需要使用缩写时，编辑 Style 格式，选择需要的缩写样式（图 1-59）。

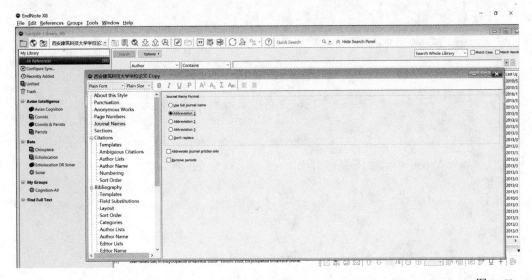

图 1-59

如果引用之后，某一个期刊没有出现简写，可能是 List 中有一些重复（导入的新 List 和默认 List 之间有重复），查看 Journal List，修改该期刊即可。也有可能是期刊的名称中的字母大小写和导入文献信息中的期刊名不完全相同。

1.6 Word 与 EndNote 结合使用

在正确安装 EndNote 之后，Word 中出现 EndNote 菜单项。图 1-60 所示为 EndNote X8 正确安装后，在 Office2016 Word 中增加的 EndNote X8 菜单。

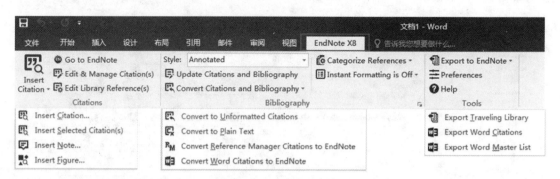

图 1-60

1.6.1 在 Word 中插入已有格式的文献

当 EndNote 提供的参考文献格式符合使用者要求时，可直接选择使用，如果不符合要求，请在 EndNote 中修改或编辑 Styles。参考文献插入 Word 包括两步，步骤一是选择格式，步骤二是插入参考文献。

选择格式：Word 中 EndNote X8 菜单→Bibliography 下拉→Format Bibliography→Browse→选择→OK（图 1-61）；

插入文献：Word 中 EndNote X8 菜单→Go to EndNote→选择文献（可多选）→Insert Citation（图 1-62）。

也可以先插入文献，后续根据需要随时调整文献显示样式，只需要在图 1-63 的 Style 处选择即可。

1.6.2 删除 Word 中的参考文献引用

方法：Word 中 EndNote X8 菜单→Edit & Manage Citation(s)→Remove Citations（图 1-64）；

不建议直接删除参考文献，因为 EndNote 是个管理器工具，不是文本文档，即使已经删除，更新之后又会出现。

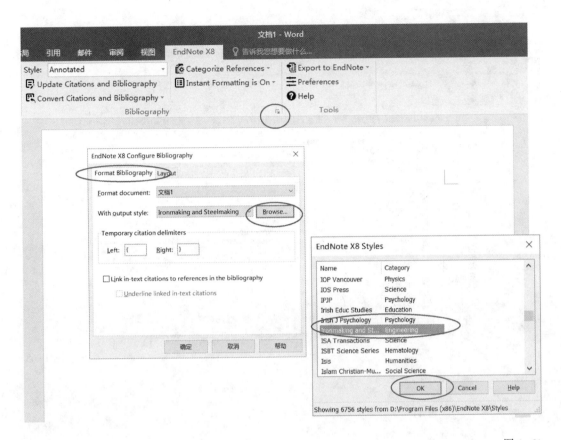

图 1-61

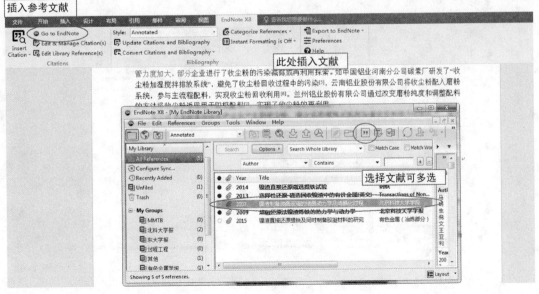

图 1-62

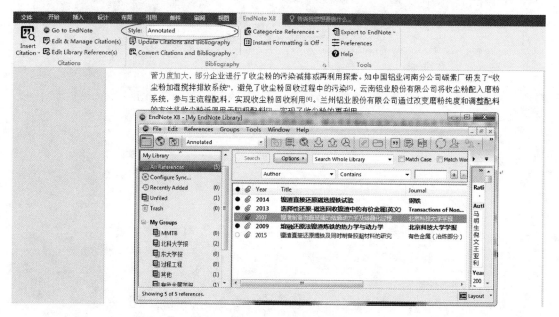

图 1-63

图 1-64

1.6.3 去除 Word 中参考文献的域代码

Word 中 EndNote X8 菜单→Convert Citations and Bibliography 下拉→Convert to Plain Text。

本操作不可逆，需要先保存副本，以便后续还可继续保留 EndNote 格式（图 1-65）。

图 1-65

1.6.4 用 EndNote 提供的期刊模板撰写论文

打开 EndNote 软件 Tool 菜单→Manuscript Templates→选择刊名→打开（图 1-66）。

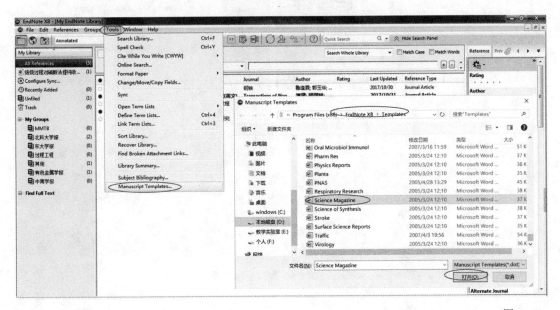

图 1-66

启用宏→下一步→Title→Author→Section→完成（图1-67）。

按照模板提示添加内容（图1-68）。

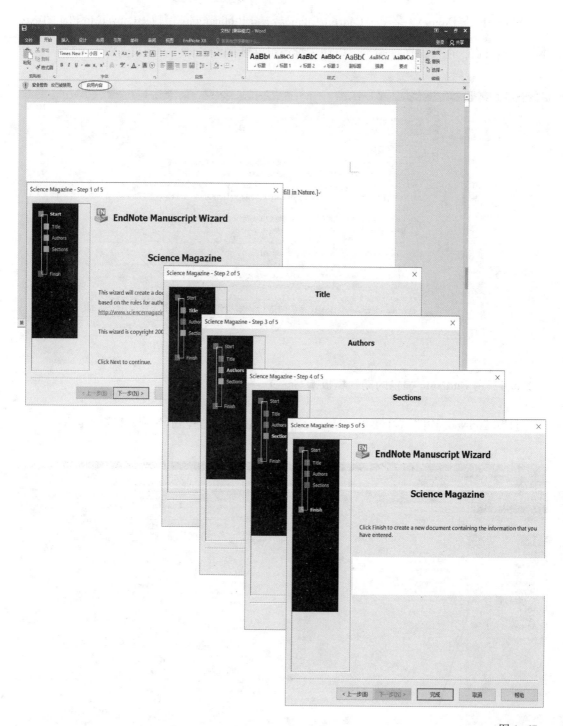

图1-67

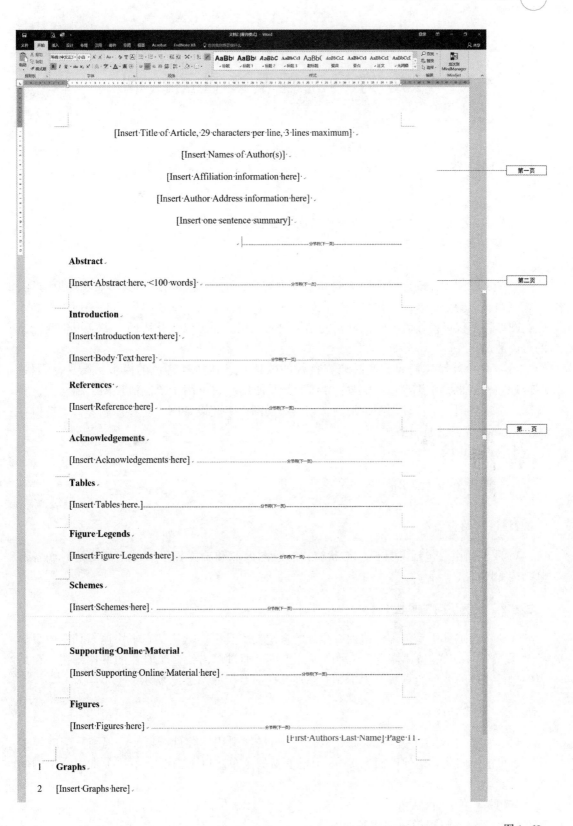

图 1-68

获取本章
数字资源

2　Visio 方案流程及装置图绘制

本 章 提 要

1. Visio 基本功能。

2. Visio 装置图、工艺流程图、机理说明图绘制。

3. 多样式图组合呈现。

经过文献阅读，确定好研究方向和研究内容后，则需要恰当运用图形展示研究方案、工艺流程、实验装置、反应机理等。在科技图书、科技论文、交流报告、汇报 PPT 中加入此类图形，不仅可使作者的意图和研究结果简明呈现，还可以美化版面，提高报告或论文的可读性。

Visio 是一款操作简单、产品兼容良好的软件，以其独具特色的模板、模具、形状、"拖拽式"绘图方式和智能图形技术得到了普及使用。它可用于绘制流程图、结构图、甘特图、金字塔图、工作计划图、地图、家居布局图、工艺设备图、企业标志等，支持保存为 svg、dwg 等矢量通用格式。

本书以 2019 版 Visio 为例进行介绍。

2.1　软件界面及功能

2.1.1　初始界面

Visio 界面主要包括工具栏、形状窗口、绘图区域和功能显示区等，其初始界面各部分结构如图 2-1 所示。

2.1.2　快速访问工具栏

快速访问工具栏是包含一组独立命令的自定义工具栏。默认状态下快速工具栏中只显示"保存""撤销"与"恢复"3 种命令，用户可通过单击快速工具栏的下拉按钮，在列表中执行相应的命令的方法，为工具栏添加其他命令，如图 2-2 所示。

2.1.3　菜单功能

Visio 提供了文件、开始、插入、设计、布局、引用、邮件、审阅、视图、帮助等菜单，也可能因安装其他软件而在 Visio 中增加新的菜单。以下简要介绍几个常用菜单的内容及功能。

"文件"菜单主要功能：

（1）新建（选择模板创建各种图表）

（2）打开（Visio 图像的源文件）

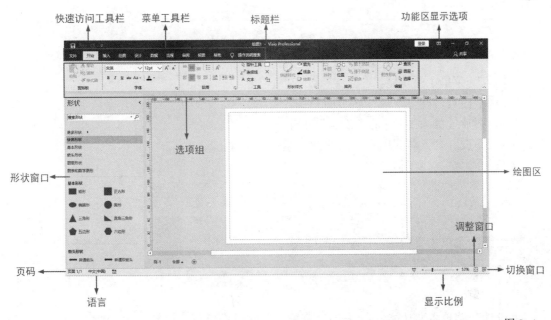

图 2-1

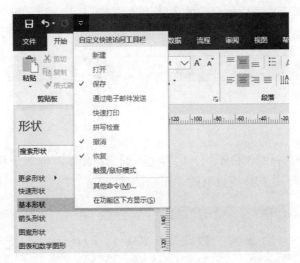

图 2-2

(3) 保存/另存为（图形、模具、图形、网页等形式）

(4) 选项（软件的一些设置项在这里设置）

"开始"菜单主要功能：

(1) 字体（设置文本的 字体/字号/颜色/文本样式等）

(2) 段落（设置文本的 行距/缩进/对齐方式等）

(3) 工具（包含常用的 指针/连接线等）

(4) 形状（设置形状的 颜色/边框/艺术效果等）

(5) 剪贴板（包括剪切、复制和格式刷等）

(6) 排列（排列、位置和组合等）

(7) 编辑（查找、图层和选择等）

"插入"菜单主要功能：

（1）空白页（建立空白的新页面）

（2）图片（插入图片 png、jpeg、gif 等）

（3）图表（插入各式图表、折线图、条形图、柱形图等）

（4）文本框（用于插入文本）

"绘图"菜单主要功能：手动绘制图案

"设计"菜单主要功能：

（1）页面设置（调整页面的方向/大小/页边距等）

（2）主题（给页面选择软件自带的主题使其美观）

（3）背景（把颜色/图片/纹路设置为页面背景）

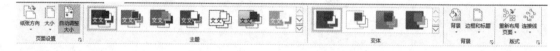

2.1.4 形状图形

形状图件区根据选择的模板不同，内容也不同。在作图时将"形状图件"用鼠标拖拽到绘图页上即可。以下是几种模板下的"形状图件"（图 2-3）。

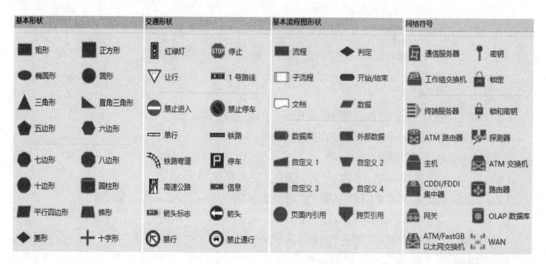

图 2-3

2.1.5　绘图区域

将需要的"形状图件"用鼠标拖拽到绘图页上，调整好颜色/大小/位置即可。把所有的图件组合好，标注上相应文字等信息，即完成图形绘制。

2.2　软件基本操作

2.2.1　新建与保存

新建图形：打开程序以后出现窗口，点击文件→新建，选择一个模板，点击"创建"（图2-4）。

图 2-4

新建/打开模具：点击形状→更多形状→新建/打开所需要的模具（图2-5）。

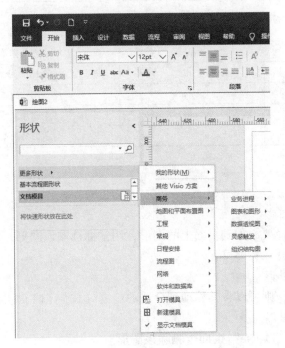

图 2-5

文档模具：开始绘图时，Visio 创建的特定于该绘图文件的模具。点击形状→更多形状，显示文档模具。

Visio 提供了 8 大类 65 种模板（图 2-6）。

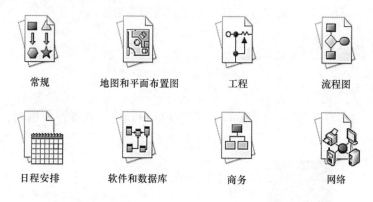

| 常规 | 地图和平面布置图 | 工程 | 流程图 |
| 日程安排 | 软件和数据库 | 商务 | 网络 |

图 2-6

保存图形：用 Visio 绘制完成的图形即可通过"保存/另存为"进行保存或导出。常用存储格式见表 2-1。

表 2-1 Visio 常用存储格式

保存类型	扩展名	打开方式
模板	. vst	Visio　Photoshop
模具	. vss	Visio
绘图	. vsd	Visio
Auto CAD 绘图	. dwg	Auto CAD
网页	. htm∕html	浏览器
图片	. jpg	图片浏览器
便携式文档	. pdf	PDF 阅读器
位图	. bmp	图片浏览器
矢量图	. png	图片浏览器
图形变换格式	. gif	图片浏览器

2.2.2 图形操作

2.2.2.1 创建图形

在形状图件区选择要添加到页面上的图形，用鼠标选取该图形，再把它拖拽到页面上适当的位置，然后放开鼠标即可。

2.2.2.2 移动图形

用鼠标拖拽图形，则可以将其移动到合适的位置（按住 Ctrl 键可进行多选）。

2.2.2.3 删除图形

选中该图形，按"Delete"键即可删除该图形。

2.2.2.4 调整图形大小

选中该图形，鼠标移动到图形周围的○处，当鼠标指针变成左右或上下箭头时，拖动即可。

2.2.2.5　调整图形格式

选定图形后可点击鼠标右键→格式或通过开始→形状进行设置。主要可以设置以下内容：

（1）填充颜色（形状内的颜色）

（2）填充图案（形状内的图案）

（3）图案颜色（构成图案的线条颜色）

（4）线条颜色和图案

（5）线条粗细

（6）填充透明度和线条透明度

2.2.2.6　图形组合

为了使多个图形能够作为一个单元来执行操作，需要对图形进行组合。要建立一个组合，先全选要组合的图形，然后选择"形状"菜单下的"组合"中的"组合"或者按Shift+Ctrl+G 快捷键或者鼠标右键选择"组合"（图 2-7）。

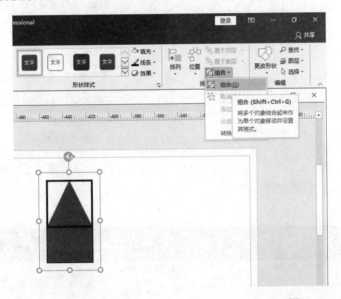

图 2-7

2.2.2.7　调整图形顺序

任意几个图形重叠在一起，如果要将其中某个图形改变原来的层次就会用到"形状"菜单中"顺序"选项。要将某个图形置于顶层，先选择该图形，然后在"形状"菜单中选择"顺序"中的"置于顶层"，快捷键为 Ctrl+Shift+F。如果要将某个图形置于底层，用同样的办法选择"置于底层"，快捷键为 Ctrl+Shift+B。如果要将某个图形"上移一层"或"下移一层"应分别选择"形状"菜单下的"顺序"中相应的命令，如图 2-8 所示。

图 2-8

2.2.2.8　图形开发工具

制作比较复杂的图形的最快方法是先将简单部分绘制出来，再将简单部分合并为一个复杂整体。在绘制之前，在"快速访问工具栏"中选择"其他命令"，再选择"自定义功能区"，选中"开发工具"，这样便可以在菜单栏中找到"开发工具"。绘图时，单击"开发工具"菜单，选择"操作"，然后选择某个命令。"操作"包括联合、组合、拆分、相交、剪除、连接、修剪、偏移（图 2-9 和图 2-10）。

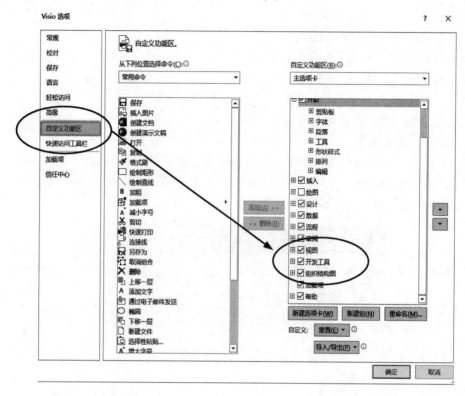

图 2-9

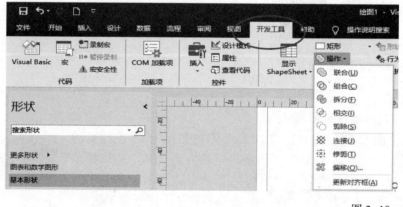

图 2-10

（1）联合：即以两个或更多重叠图形的边界创建新的图形，如图 2-11 所示。

（2）相交：即将所选图形的重叠区域构成新的封闭图形，并且去除不重叠的区域，如图 2-12 所示。

（3）剪除：即从主要选定内容中剪除后面选定内容的重叠区域，创建新图形。例如，将多边形和正方形重叠，并且先选择多边形后选择正方形，则使用"剪除"将从多边形中去除重叠的正方形部分，从而生成独特的图形，如图 2-13 所示。

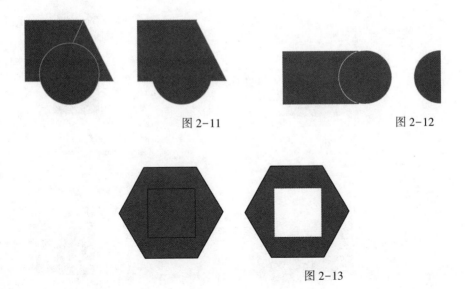

图 2-11　　　　　　　　　　图 2-12

图 2-13

2.2.3　文字操作

（1）添加文字。Visio 添加文字的两种方式：

1）向图形添加文本：双击图形，出现光标后输入文字即可。　Visio

2）添加独立的文本：插入→文本框，输入文字即可。　Visio绘图

（2）删除文字。选定要改变的文字，按"Delete"键，即可删除该文字。

（3）调整文字格式。选定文本后可点鼠标右键或通过开始→字体进行设置。

（4）调整段落属性。选定文本后可点鼠标右键→段落或通过开始→段落进行设置，主要可以设置：对齐方式、缩进、间距、文本方向、项目符号。

2.2.4　连接图形

连接线可以用来标注图形间的联系，可以通过开始→工具→连接线进行添加。

主要步骤如下：

（1）单击"连接线"工具。

（2）将"连接线"工具放置在第一个形状周围的连接点处，"连接线"工具会使用一个绿色框来突出显示连接点，表示可以在该点进行连接。

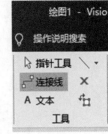

（3）从第一个形状上的连接点处开始，将"连接线"工具拖到第二个形状的连接点处。连接形状时，连接线的端点会变成绿色。如果想要形状保持相连，两个端点都必须为绿色（图 2-14）。

（4）添加连接线文本：可以将文本与连接线一起使用来描述形状之间的关系。向连接线添加文本的方法与向任何形状添加文本的方法相同，只需单击连接线并键入文本（图 2-15）。

（5）调整连接线格式：点击连接线，选择"开始"菜单栏中的"形状样式"命令。进入线条编辑页面，可以对线条的图案、粗细、颜色、角度、箭头大小、方向等进行修改（图 2-16）。

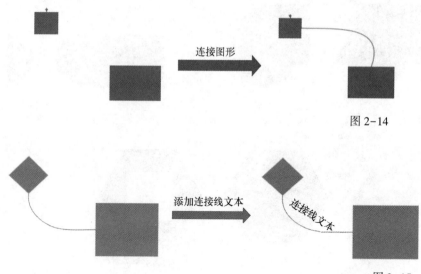

图 2-14

图 2-15

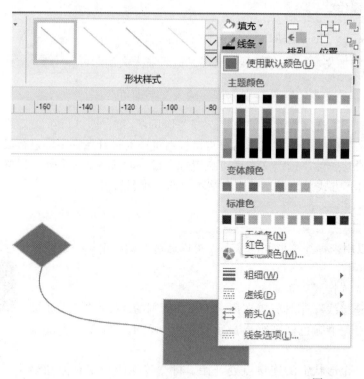

图 2-16

2.3 装置示意图绘制

绘制实验设备是 Visio 软件常用功能，常调用的选项组为"开始"菜单内的"工具"，可通过插入各种线条、形状等，组合绘制出设备的轮廓，再使用"形状格式"设置图形的填充样式等细节，最后进行必要的文字、箭头标注。

2.3.1 黏度计绘制

黏度是判断火法冶金中熔体流动性好坏的重要指标，其值通常采用黏度计测量，以下示意高温黏度计的绘制。

步骤一 绘制矩形叠加成装置的简单轮廓，对于整体的部件，需将边框设置为无线条（图2-17）。

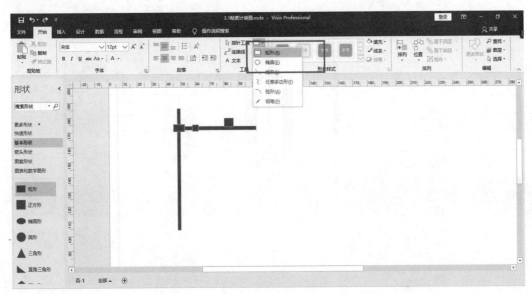

图2-17

步骤二 继续细化部件，根据实际情况设置形状格式，改变颜色和填充图案（图2-18~图2-21）。

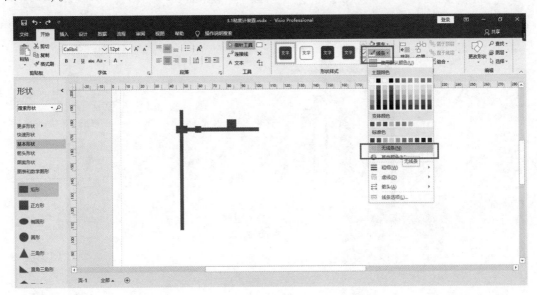

图2-18

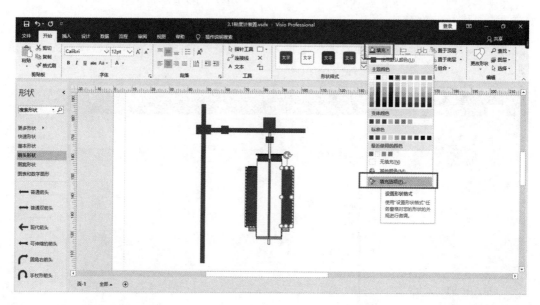

图 2-19

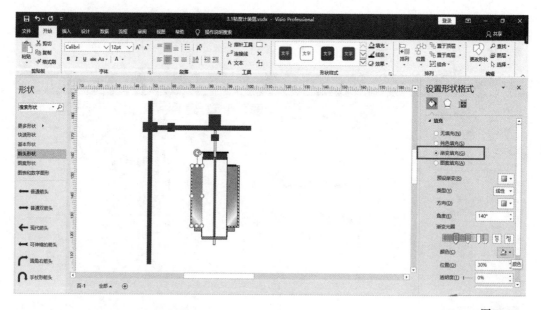

图 2-20

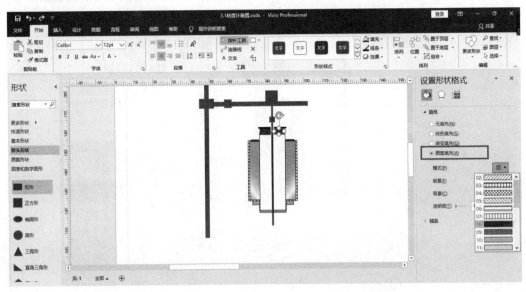

图 2-21

步骤三 通过添加线条，改变粗细、虚实和颜色，使所绘制的图形更形象（图 2-22）。

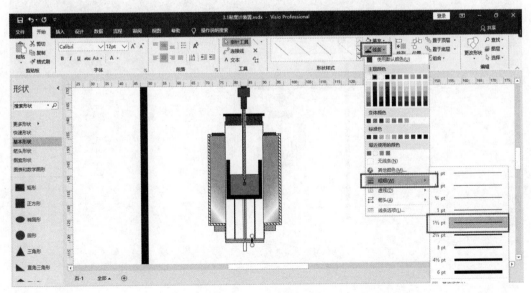

图 2-22

步骤四. 绘制箭头和文本框添加标注，进行注释（图2-23~图2-25）。

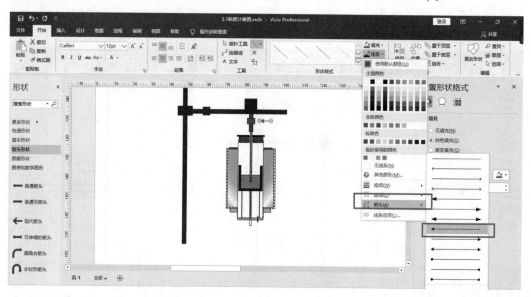

图2-23

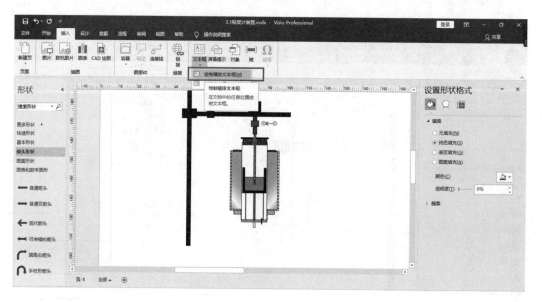

图2-24

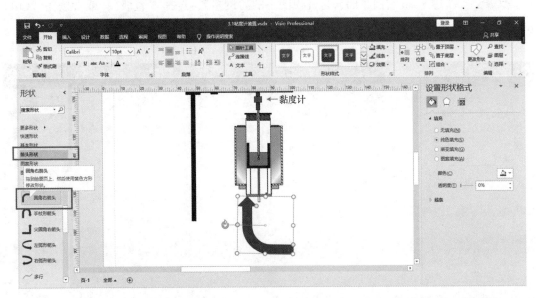

图 2-25

最终装置图如图 2-26 所示。

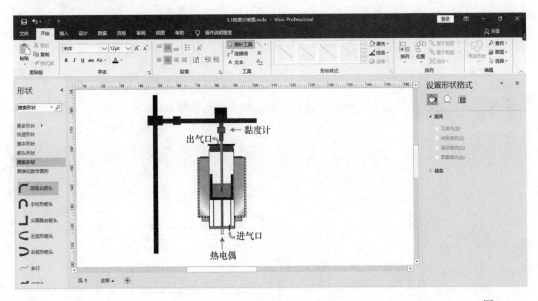

图 2-26

2.3.2 工业炉结构绘制

工业炉的用途广泛，如用于冶炼、焙烧、加热等，结构也差别很大，以下示意一种工业炉主视图和侧视图结构的绘制方法，读者可在此基础上举一反三。

步骤一 新建 Visio 空白页面，打开视图中的"网格"，选择"直线"；或者按住"Ctrl+6"绘制直线，确定横纵坐标的合理位置（图 2-27）。

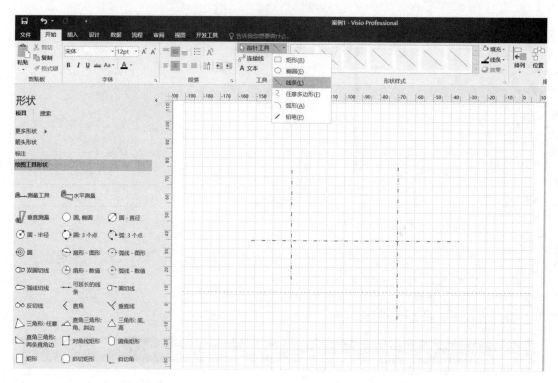

图 2-27

步骤二 用直线画出设备主视图和侧视图基本示意图框架（图 2-28）。

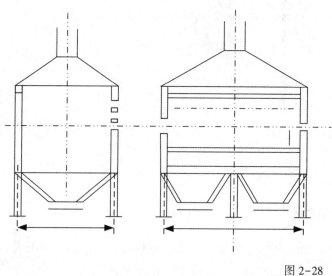

图 2-28

步骤三　在"更多形状"中选择"其他 Visio 方案"中的"绘图工具形状"，选择"弧：3 个点"开始绘制上方圆弧区域（图 2-29）。

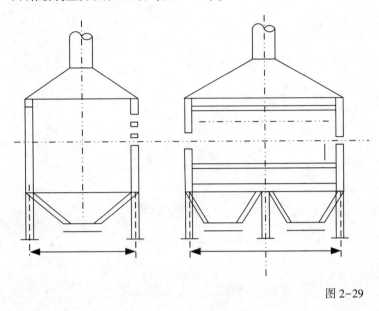

图 2-29

步骤四　根据草图画出主图中的零件（图 2-30）。

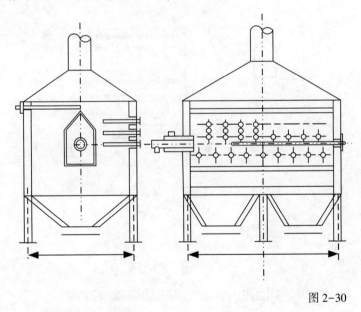

图 2-30

步骤五　选中需要填充的区域，打开"填充选项"，选择需要的填充模式和前景。用斜线填充炉壁内部区域（图 2-31 和图 2-32）。

步骤六　使用"任意多边形"绘制形状，并填充颜色。使用形状填充炉内物料（图 2-33）。

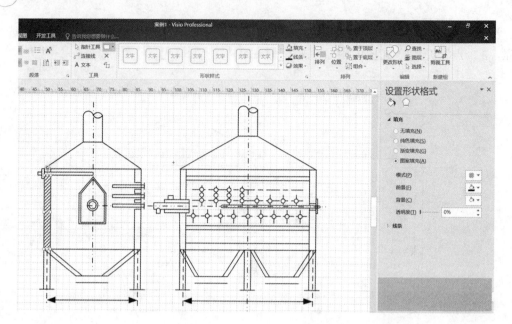

图 2-31

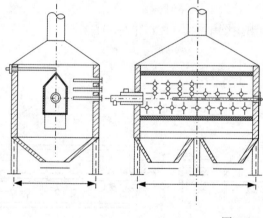

图 2-32

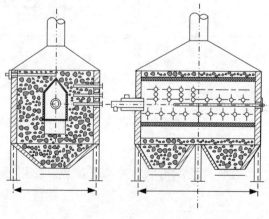

图 2-33

步骤七 利用直线绘制标注样式，或者打开"其他 Visio 方案"中的"标注"，选择需要的标注样式（图 2-34）。

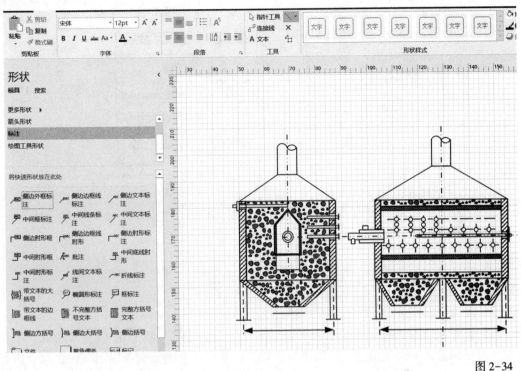

图 2-34

步骤八 标注成图（图 2-35）。

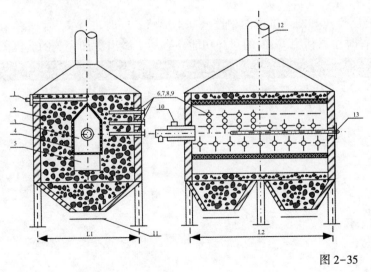

图 2-35

步骤九 绘制文本框，对标注进行说明（图 2-36）。

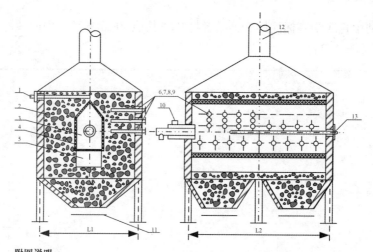

附图说明：
1 多点煤气分布取样管及取压管（如有需要可按照水平十字各设一组）；2 兰炭；3、4 火道与火眼（花墙）；5 火道支撑；6、7、8、9 热电偶+压力（由火眼中心垂直与水平方向各摆设3支以上）；10 燃烧器；11 排焦口；12 烟筒；13 火道测温热电偶及取压管

图 2-36

2.4 工艺流程及技术路线图绘制

工艺流程图可以清晰呈现工业生产流程及实验研究思路，是 Visio 的基本功能。本功能主要通过插入文字及框格并进行组成后实现。以下两个案例分别为铜阳极泥提取分离有价金属的工艺过程图和冶金尘泥提取有价金属的研究思路图。

2.4.1 工艺流程图

以下以铜阳极泥提取分离有价金属的工艺过程图绘制为例，演示工艺流程图的绘制方法。

步骤一 在所创建好的基本框图中选入基本形状，同时进行文字编辑，调整字体大小、颜色，调整位置时注意利用 Visio 的对齐功能，有利于做出更加完美的流程图（图 2-37）。

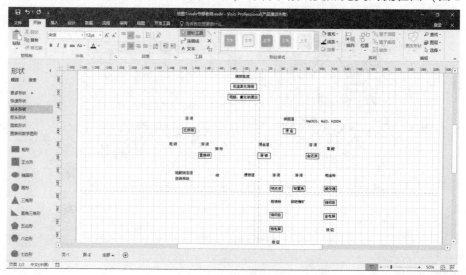

图 2-37

步骤二　在文本框下方按照要求插入横线；用连接线依次将流程图按照顺序进行连接，连接线选择箭头连接（连接线的插入过程中注意用 Visio 中的复制粘贴功能，这有利于插入连接线的一致），同时在进行连接线连接的时候注意调整文本框置于合适的位置（图2-38）。

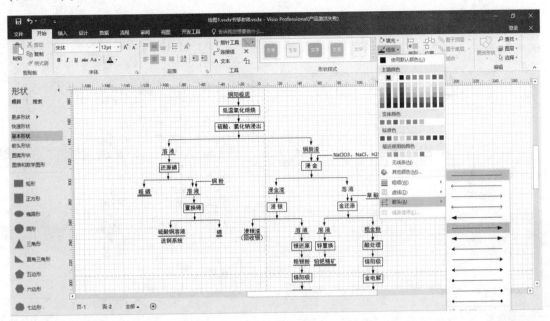

图 2-38

步骤三　选中流程图中的所有组成部分，利用 Visio 中的组合功能进行组合（图2-39，此步骤非必须）。

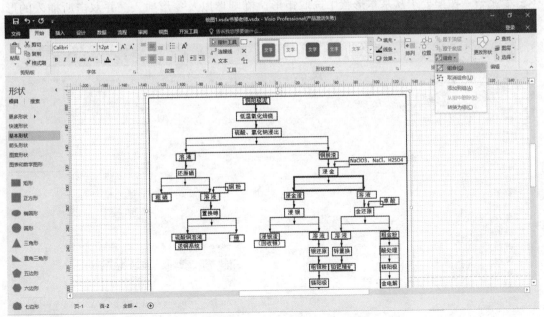

图 2-39

最终流程图如图 2-40 所示。

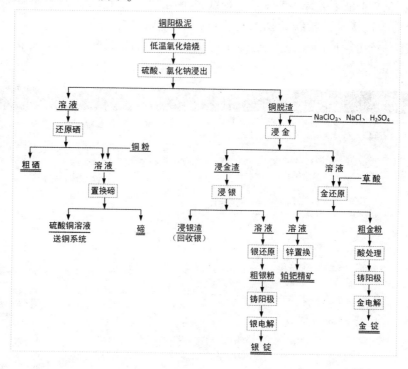

图 2-40

2.4.2 技术路线图绘制

以下以冶金尘泥提取有价金属的研究思路图绘制为例，说明技术路线图的绘制方法。

步骤一 按照要求从基本形状中选取矩形、椭圆形以及菱形插入，并双击所插入的形状进行文字编辑，同时将各部分调整至合适的位置（图 2-41）。

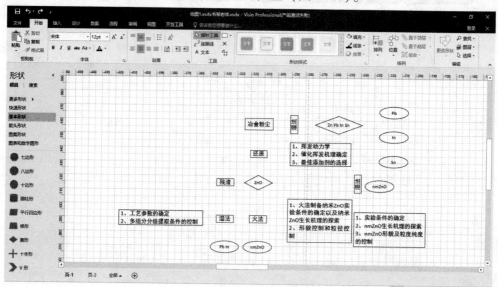

图 2-41

步骤二　选择箭头连接线将流程图按照顺序进行连接，同时选择插入箭头，连接时注意调整各部分位置使整体布局合理（图2-42）。

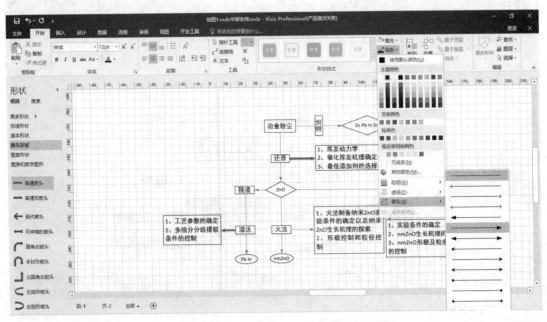

图2-42

步骤三　选择形状填充，选取合适的填充颜色，同时将边框颜色设置成与填充颜色相同（图2-43）。

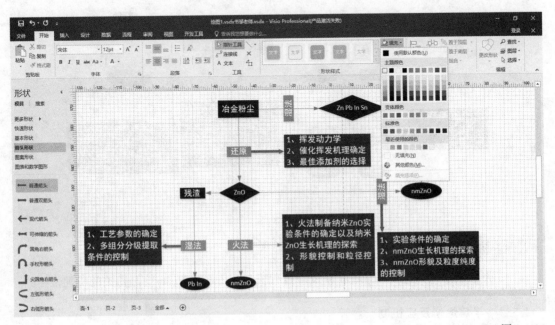

图2-43

步骤四 选中流程图的各个组成部分，利用 Visio 中的组合功能进行组合（图 2-44，此步骤非必要，也可不进行组合）。

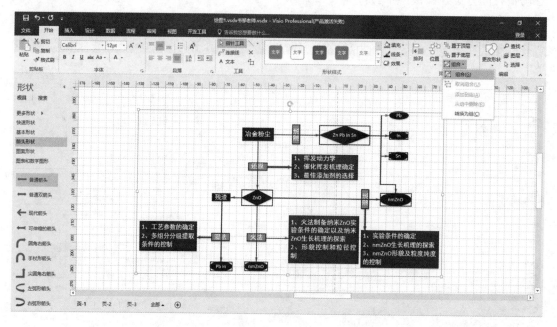

图 2-44

最终流程图如图 2-45 所示。

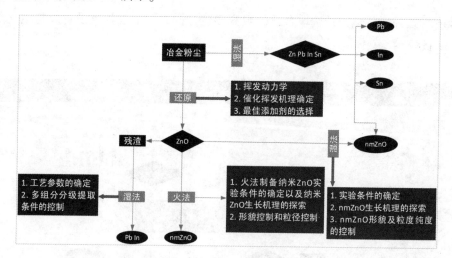

图 2-45

2.5 机理说明图绘制

为了形象展示研究过程中某些化学反应过程机制，可通过 Visio 绘制相关的机理说明图。

2.5.1 半焦燃烧反应机制

半焦燃烧反应机制图示意绘制如下，其学术正确性由读者自行把握。

步骤一　在基本形状中选择圆形，拉伸适当尺寸，做基本填充（图 2-46）。

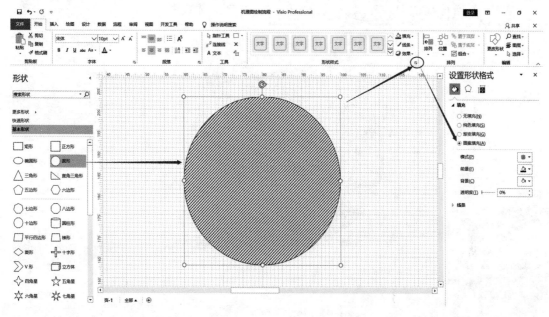

图 2-46

步骤二　对圆形画线作剪切准备，选好线形，注意画线一定与圆连接（图 2-47）。

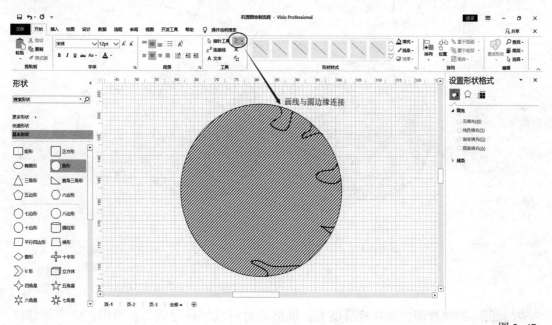

图 2-47

步骤三　在"开发工具"中"操作"选项对圆作剪切处理，并对图形做适当修饰，如线形，填充颜色等（图 2-48）。

选中图形点击"效果"选项，对图形做所需的修饰（图 2-49）。

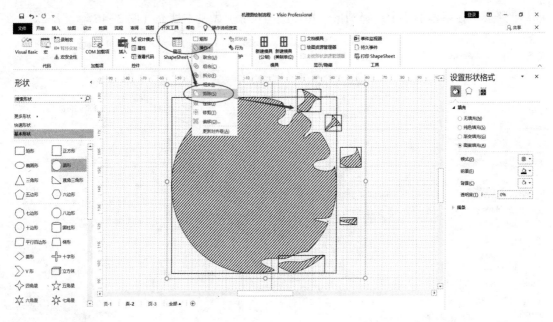

图 2-48

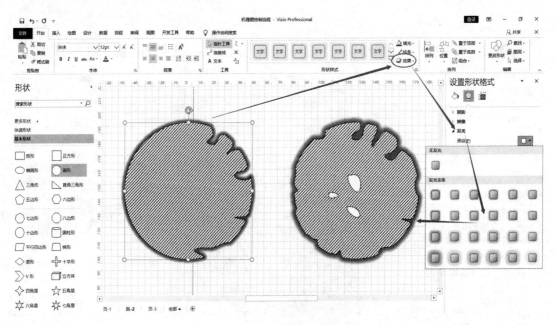

图 2-49

步骤四 绘制椭圆，并对椭圆填充，根据需要对线形进行颜色、粗细、虚实等修改（图 2-50）。

步骤五 绘制小圆形，圆形内十字线添加，并进行填充（颜色、线形），然后复制组合（图 2-51）。

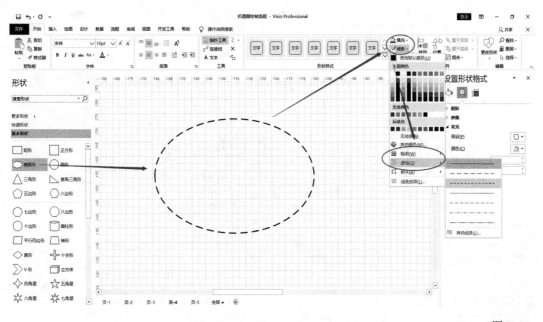

图 2-50

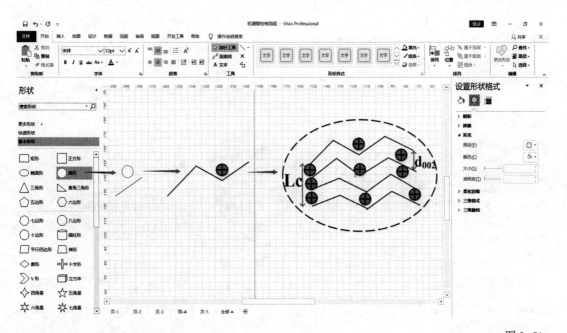

图 2-51

步骤六 对图形进行说明，插入文本，以及修饰完善（图 2-52）。

步骤七 选中所有图形，右键"组合"成图（图 2-53）。

2.5.2　特定气氛中物质反应机理

以下示例绘制特定气氛中物质的反应机理，其学术正确性由读者自行把握。

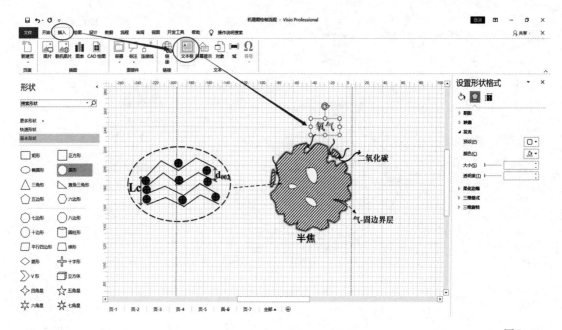

图 2-52

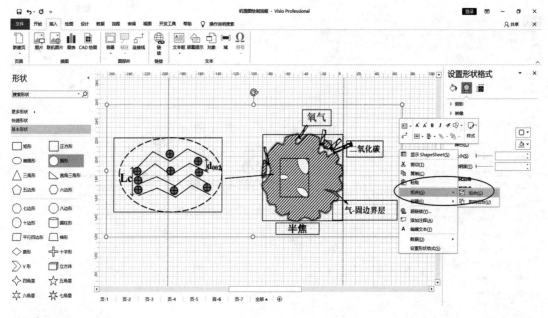

图 2-53

步骤一 绘制圆，对圆形做基本修饰，如填充、线形等（图 2-54）。

步骤二 选择直线以及弧线进行颜色、粗细、箭头选取，并插入文本描述反应内容（图 2-55 和图 2-56）。

步骤三 对弧线可以进行对称处理（图 2-57）。

步骤四 将以上图形组元进行组合（图 2-58）。

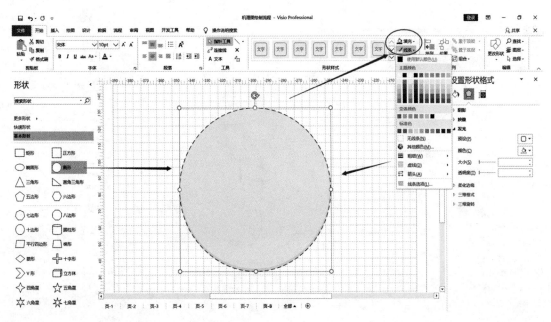

图 2-54

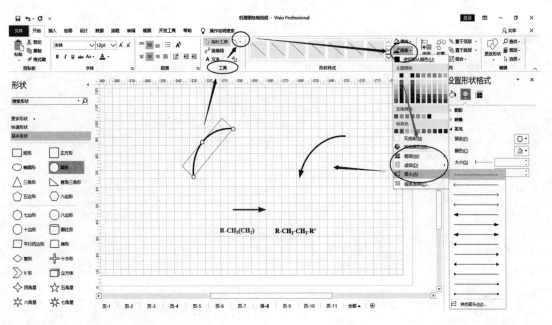

图 2-55

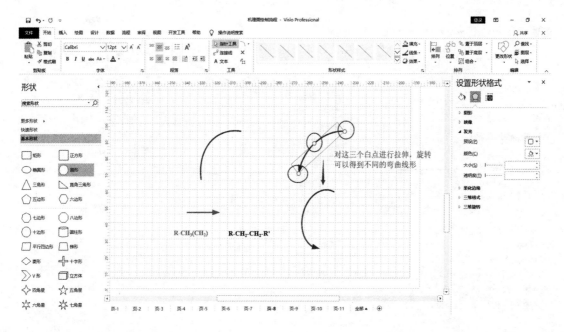

图 2-56

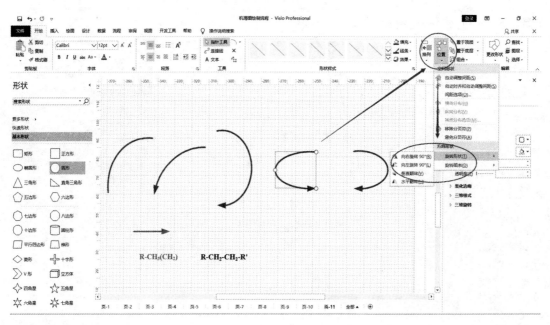

图 2-57

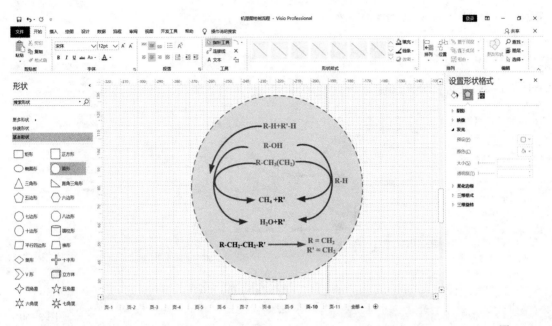

图 2-58

步骤五 对反应机理图完善修饰（线形颜色、粗细、箭头指向等），并插入文本进行说明，最后右键组合成图（图 2-59 和图 2-60）。

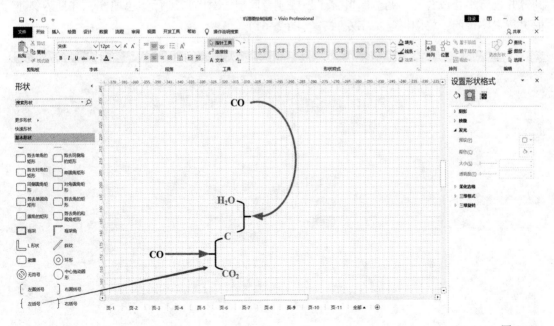

图 2-59

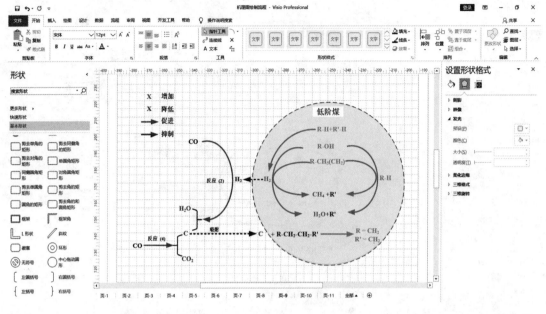

图 2-60

2.5.3 催化反应机制图

以下示例绘制气固催化多相反应机制图，其学术正确性由读者自行把握。

步骤一 通过 Visio 中的不同图形表征不同的物质。在页面中插入椭圆、不规则图形、圆等并进行组合或合并，调节图形置于顶层或者底层，对图形进行颜色填充，并插入文本框进行文字说明，将图形与文字左对齐（图 2-61）。

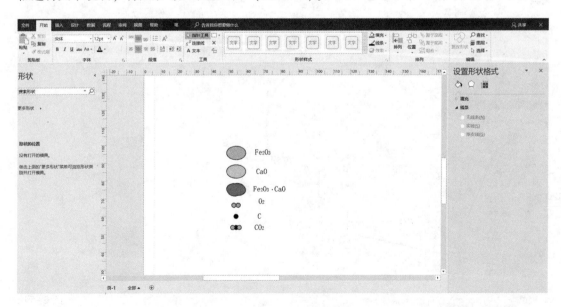

图 2-61

步骤二　点击弧形，在图形左上侧画圆弧，并且复制图形在圆弧上，将复制的图形进行旋转。在图形工具里面选择线条调节为虚线，将虚线复制在圆弧内，插入文本框添加文字（图2-62）。

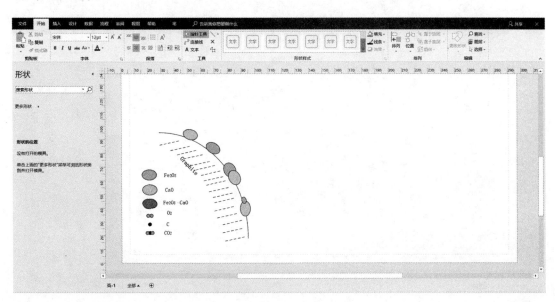

图2-62

步骤三　添加箭头形状，选择普通箭头并填充颜色。再画一条圆弧，将页面内的图形继续按位置粘贴旋转（图2-63）。

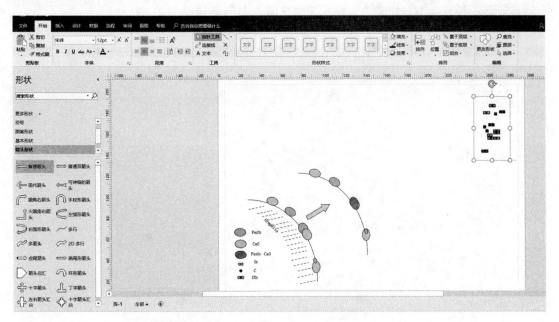

图2-63

步骤四 将图形粘贴在弧线上，并进行位置排列（图 2-64）。

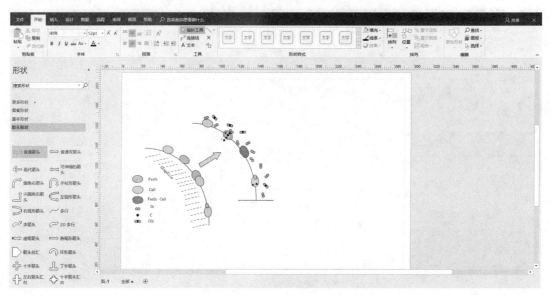

图 2-64

步骤五 插入文本框填充为无色，添加文字并调节字号（图 2-65）。

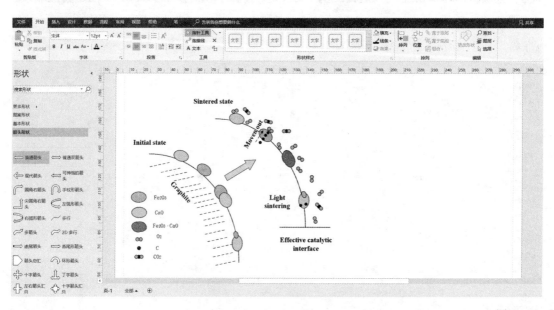

图 2-65

步骤六　添加矩形框设置为虚线，并添加箭头填充为无色（图 2-66）。

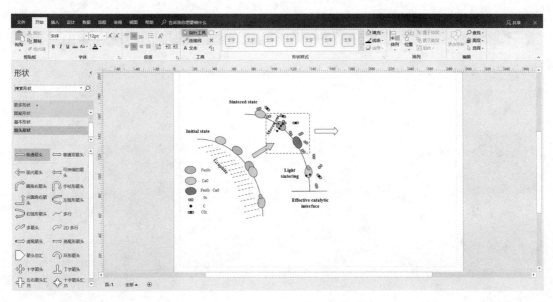

图 2-66

步骤七　在箭头方向绘制一根水平长直线，再绘制一根短直线，将短直线旋转顶端对齐，在位置上选项上自动调整间距（图 2-67）。

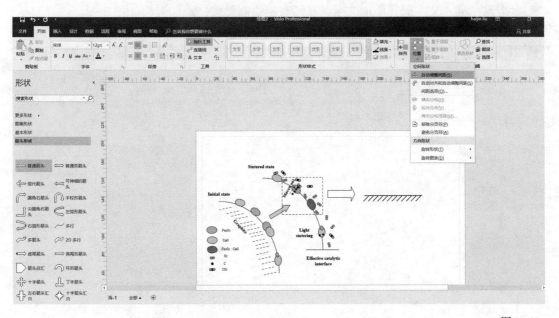

图 2-67

步骤八 将对应颜色的圆复制并略微增大，选择弧线并将弧线改为实线添加箭头（图 2-68）。

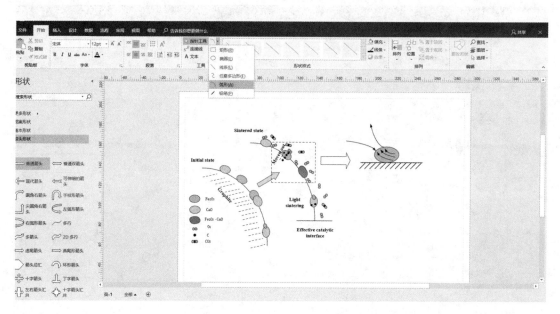

图 2-68

步骤九 插入文本框并添加文字，在圆右侧绘制弧线，添加箭头（图 2-69）。

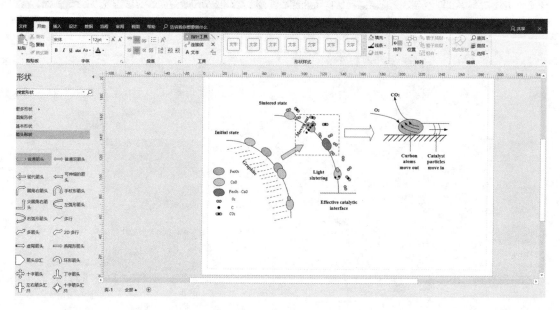

图 2-69

步骤十 将上面的选中粘贴复制，稍做修改，添加（a）、（b）、（c），并完成（图2-70）。

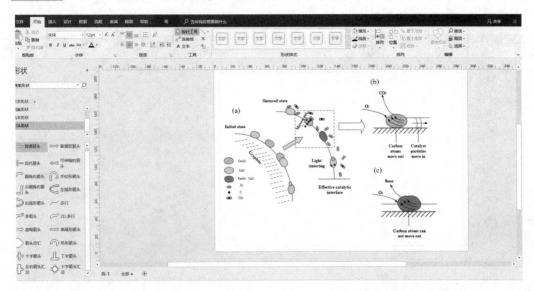

图2-70

2.5.4 高炉煤焦演变图

以下示例绘制高炉煤焦演变图，其学术正确性由读者自行把握。

步骤一 打开Visio，选择合适的位置，利用指针工具中的线条、矩形和铅笔绘制出高炉一半的大致轮廓，Ctrl+鼠标左键选中所绘制的图形并复制粘贴，再利用位置中的方向旋转—旋转形状—水平旋转完成另一半的炉体的绘制（图2-71）。

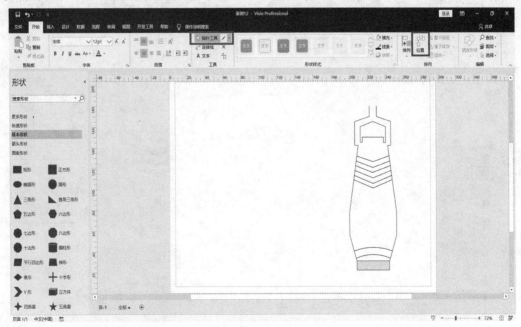

图2-71

步骤二 利用指针工具中的任意多边形画出矿焦，用填充功能填黑，之后用连接线在炉喉处画出箭头（图2-72）。

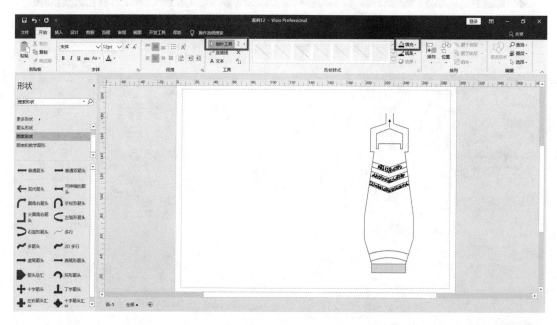

图2-72

步骤三 利用指针工具中的弧形，绘制出高炉内煤气流曲线，箭头用基本图形中的三角形进行绘制。文字部分利用文本进行输入再选用基本形状中的圆形和矩形，绘制出风口回旋区（圆形选择置于顶层），并进行颜色填充（图2-73）。

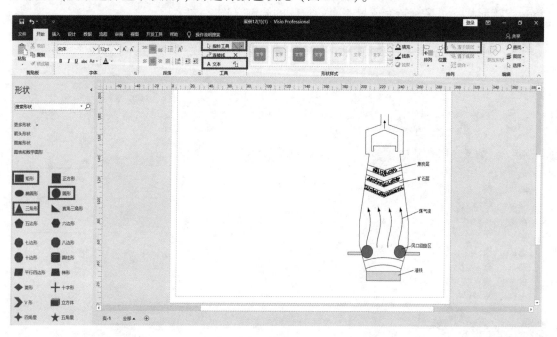

图2-73

步骤四　利用指针工具中的任意多边形绘制左半弧线，Ctrl+鼠标左键复制粘贴，再利用位置中的方向旋转—旋转形状—水平旋转形成右半弧线，再加粗换色（图 2-74）。

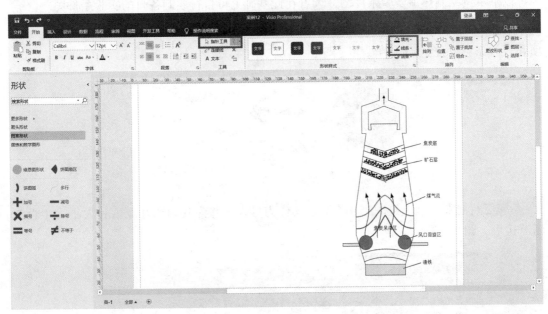

图 2-74

步骤五　按照高炉纵向位置将高炉内的反应过程进行展现，大括号在更多形状—其他Visio 方案—标注中选择，反应过程中物料粒度的变化用指针工具中的任意多边形绘制，并进行填充，线条部分利用指针工具中的线条、矩形和连接线绘制，文字在文本中输入，最后成图（图 2-75）。

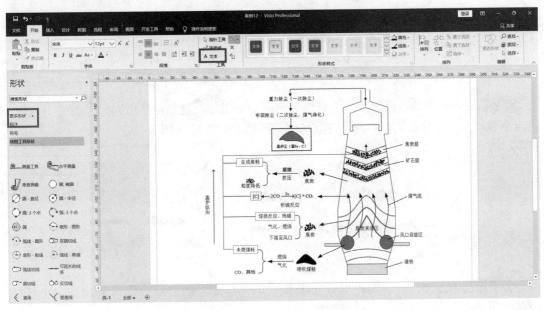

图 2-75

2.5.5 实验条件图

以下示例绘制热重实验条件图，读者在此基础上可自行绘制各自的实验条件图。

步骤一 绘制中心五边形。绘制出中间的五边形，调整至适合大小，通过"填充"选项和"线条"功能达到图例效果（图2-76）。

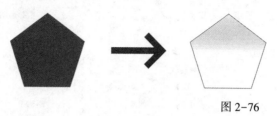

图 2-76

步骤二 绘制坩埚。绘制出一个圆柱体作为母本，并为其调整好颜色和大小（上色参考五边形，图2-77）。

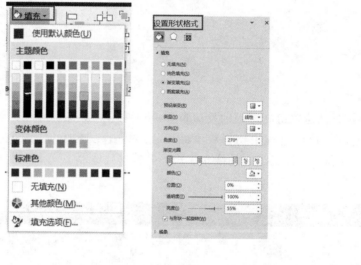

图 2-77

步骤三 绘制煤球。通过圆形工具绘制出一个小黑球，复制粘贴出同样大小的小黑球，将四个和八个小黑球排列在一起，使其恰好等于圆柱的直径（图2-78）。

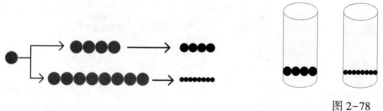

图 2-78

为了操作的方便，可以利用"开发工具"中"操作"的"联合"分别将四个小球组合在一起，八个小球组合在一起（图2-79）。

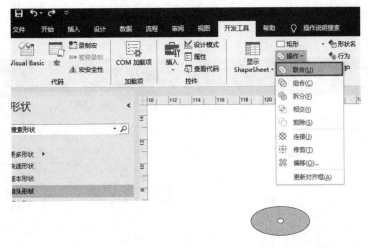

图 2-79

步骤四 绘制坩埚盖。通过椭圆工具绘制坩埚盖。

步骤五 绘制坩埚。利用绘制的母本通过复制粘贴功能绘制煤球在坩埚的几个图（图 2-80）。

图 2-80

步骤六 绘制大概轮廓。将坩埚和五边形组合起来，可以得到图 2-81。

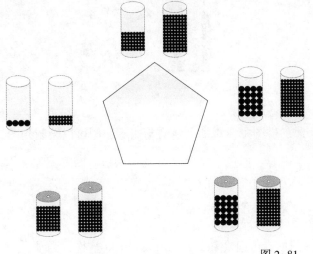

图 2-81

步骤七　绘制箭头。在图中加上各种箭头，弯曲箭头可以用"指针工具"中的"任意多边形"绘制出线条，再添加上箭头（图2-82）。

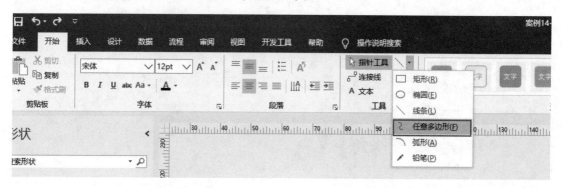

图2-82

箭头的排列依次通过"排列"中的"左对齐"和"位置"中的"纵向分布"，可以达到相比于手动调整更加美观的效果（图2-83和图2-84）。

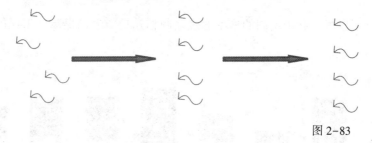

图2-83

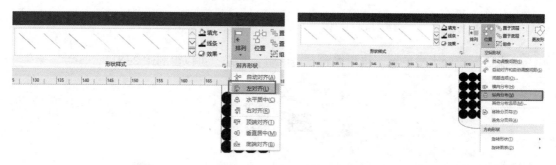

图2-84

步骤八　将箭头添加进图中。添加上所有箭头后，图可以绘制到图2-85的状态。

步骤九　添加文本内容。通过"文本"功能，为所有图形添加文本内容（图2-86）。调整好文字的字体和大小后，如图2-87所示。

2.6　多样式图组合呈现

将多种工具软件图形进行组合和二次加工是Visio软件的强项，以下分别列举常用的两种方式。

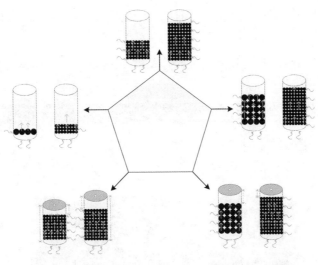

图 2-85

图 2-86

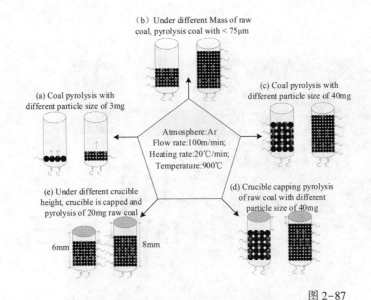

图 2-87

2.6.1 扫描电镜图形组合

为了表示样品的形貌变化过程，常需要将多张电镜图进行组合呈现。由于原始的扫描电镜图的标尺和检测参数显示通常较小，组合后不利于查找此类信息，因此常利用 Visio

软件对扫描电镜多图形组合，并标注有用信息。以下示例采用 Visio 软件为扫描电镜照片增加标尺，并将几幅图组合在一起的方法。

步骤一 首先将所要编辑的扫描电镜照片粘贴到画布上，同时采用绘制直线方式加注比例尺（图 2-88 和图 2-89）。

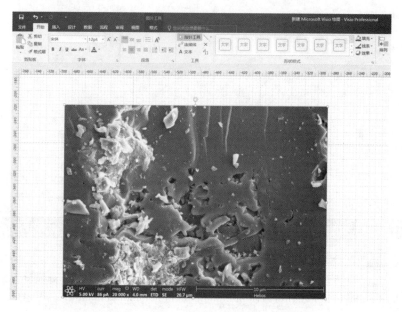

图 2-88

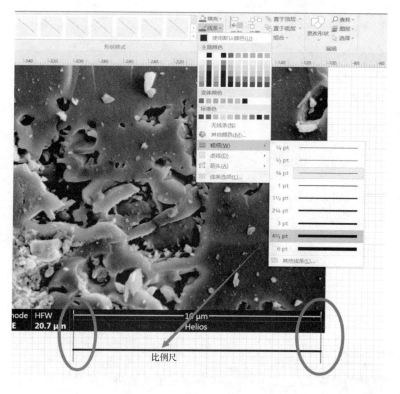

图 2-89

步骤二 将扫描电镜图片进行剪切处理选取其中所需内容，并将比例尺按正确比例适当缩小置于扫描电镜图中醒目位置（图2-90）。

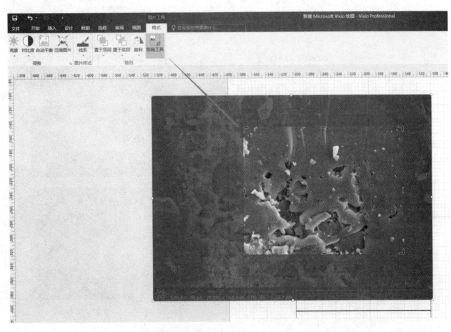

图 2-90

步骤三 在扫描电镜图中加入图的说明以及标注（图2-91）。

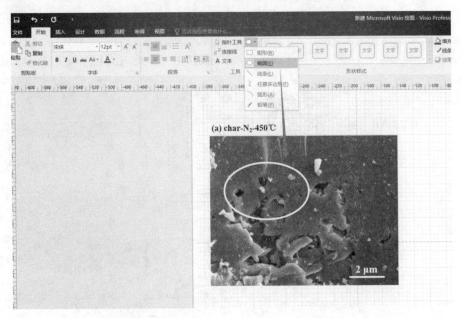

图 2-91

步骤四 用同样的方法，将所需扫描电镜（SEM）图编辑合并（Visio对多图片的位置调整有自动对齐的功能，另外可以根据画布的表格自行调整对齐，图2-92）。

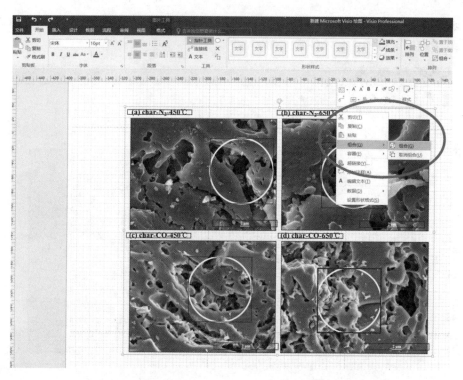

图 2-92

2.6.2 图片与图形组合

为了表达更多有用的信息，常需要将通过 Visio 软件绘制的图形与其他来源的图片进行组合呈现。如将 Visio 绘制的工艺过程示意图与实验数据及 Origin 图有机组合，以便更直接反映研究结果，如图 2-93 所示。以下以不同煤颗粒在工业炉内的沉降与反应进行示例。

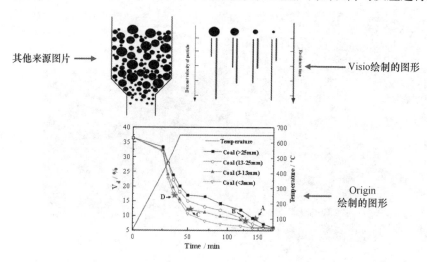

图 2-93

图 2-93 的组合步骤示例如下。

步骤一 建立空白 Visio 文档，粘贴其他来源图片（图 2-94）。

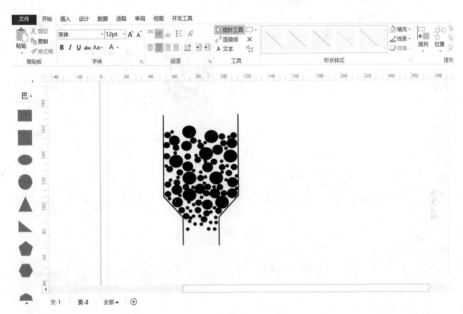

图 2-94

步骤二 绘制标尺、说明及不同颗粒的下降速度和停留时间等信息（图 2-95 右）。

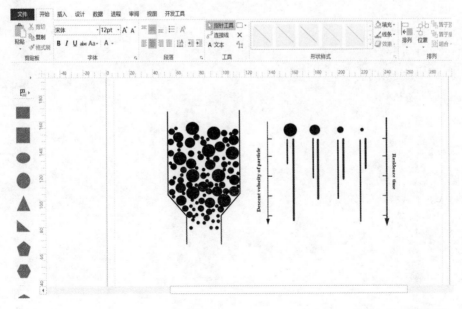

图 2-95

步骤三 将 Origin 绘制的图形粘贴到 Visio，并进行组合（图 2-96）。

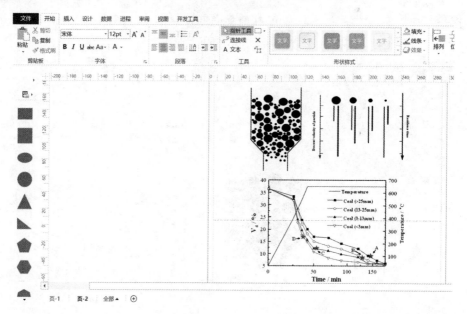

图 2-96

3 | Minitab 实验设计及分析

获取本章
数字资源

本章提要

1. 实验设计的意义及方法。
2. Minitab 基本功能。
3. Minitab 正交实验设计和响应曲面设计。

研究方案确定后，进行良好的实验设计则可能以较少的实验次数、较短的时间，获得较多和更精确的科研信息。因此，实验设计是在一切实验工作中都必须考虑的一个问题。

实验研究中，针对具体的研究对象，常涉及多个影响因素，若按照预先"设计"好的方案进行实验，可以缩短实验周期，节约人力物力，同时又能获得明确可靠的结论。一个良好的实验应包括三个环节：设计、实验、分析。首先，要明确实验目的即所追求的指标是什么，要考察的因素有哪些，以及因素的变动范围各为多少；其次，要根据已知条件合理制定实验方案，即进行实验设计，然后按设计好的实验方案组织实施；最后，对实验结果进行分析，确定所考察的诸因素中哪些是影响指标的主要因素，哪些是次要因素，各因素控制在什么水平能使指标达到最优等。实验设计是确定良好的实验方案及分析实验结果，进而得出可靠性结论的有力工具。

以下以 Minitab 软件为例，简述其基本用法，并着重介绍多因素实验设计方法中的正交实验设计及响应曲面法设计。

3.1 软件基本功能

Minitab 软件是国际上流行并具有权威性的统计分析软件之一，软件体积小、功能强，人机交互界面、菜单操作，简单易懂，与 Word、Excel 等兼容性好，数据的导入和结果的导出方便。

Minitab 软件不仅具有数据管理、统计分析、图表分析、输出管理等基本统计功能，还有着强大的实验设计（design of experiments，DOE）功能。Minitab 主要功能如图 3-1 所示。

（1）计算功能：数据的收集、导入、随机数的生成等数据整理和计算功能。

（2）数据分析功能：数据的基础统计和分析，如回归分析、方差分析和实验设计分析等。

（3）图形功能：利用图形来分析数据，并评估变量之间的关系；绘制各种图表辅助分析数据，如柏拉图、直方图、饼图以及散点图等。

（4）实验设计功能：包括因子设计、响应曲面设计、混料设计和田口设计等。

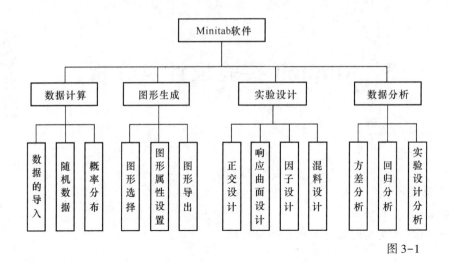

图 3-1

3.2 软件基本操作

3.2.1 初始界面

Minitab 软件安装完成后，打开的初始界面如图 3-2 所示（Minitab2019 中文版）。

图 3-2

Minitab 初始界面主要包括工具栏和状态栏、项目导航区、数据分析图形展示区、工作表区和命令窗格等。

3.2.1.1 工具栏和状态栏

工具栏主要有：标准、协助、工作表、回归、二值 Logistic 回归、Poisson 回归、一般线性模型、混合效应模型、筛选设计、因子设计、响应曲面设计、混料设计、田口设计等。

首次启动 Minitab 时，标准工具栏和工作表工具栏可见。可以隐藏这些工具栏并选择显示其他工具栏。要显示或隐藏某个工具栏，请选择查看-工具栏，然后选择或取消选择该工具栏。Minitab 的各个工具栏是可以拆离的，可以将它们拖至 Minitab 环境中的任意位置。拆离的工具栏始终保持在窗口的最前面。

使用状态栏可显示或隐藏导航器、数据窗格或输出窗格。还可以放大或缩小图形或工作表，具体取决于选择的是数据窗格还是输出窗格。

3.2.1.2 项目导航区

项目导航区包含项目输出标题的列表并按从旧到新的顺序排列，其中最新的输出标题位于列表的底部。右键单击导航器中的任何输出标题可执行以下任务：

（1）打开拆分视图中的输出以将其与不同选项卡中的输出进行比较；

（2）对输出重命名时，该名称将在输出窗格中更新；

（3）将输出发送到不同的应用程序，如 Word、PowerPoint；

（4）从项目中删除分析，可以从编辑菜单中撤销此操作。

3.2.1.3 数据分析图形展示区

在运行分析数据后显示图形和表格等输出。

在此可以输入、修改数据和查看每个工作表的数据列。在运行分析后显示如图形和表格等输出。每项分析的输出都在单个选项卡上显示。在输出窗格中，可以执行以下任务：

（1）要影响某选项卡的内容，请单击该选项卡，然后单击输出标题旁的下拉菜单按钮；

（2）要影响特定表格或图形，请单击该图形或表格，然后单击下拉菜单按钮；

（3）要查看当前不可见的输出，请单击导航器中的输出标题。

3.2.1.4 工作表区

在数据窗格中显示的工作表将数据组织为列和行。工作表还可以存储常量、矩阵以及在 DOE 过程中使用的设计对象。一个项目中可以有多个工作表，但是一次只能有一个工作表处于活动状态。活动工作表是指当前在数据窗格中显示的工作表。如果打开了多个工作表，命令将只影响活动工作表中的数据。要查看与特定输出相关联的工作表，请从导航器中单击下拉菜单按钮并选择按工作表对命令分组。

数据可以存储在工作表的以下区域：

列：每列包含一个变量的数据。每列具有以 C 开头的唯一编号（C1、C2 等）。这些列编号显示在工作表中每列的顶部。要为列取个描述性名称，可在列编号下方的阴影单元格中键入名称。要向列中添加说明，可选择列，然后右键单击并选择列属性—说明。

常量：常量是可以在公式和计算中定义并使用的单个数字或文本值。例如，可以为概率分布定义历史参数。使用存储常量而不是单个值可以节省数据录入时间，并使宏更具灵活性。存储常量将随工作表一起保存，但不会随工作表一起显示。要查看存储的常量，请选择数据—显示数据。所有存储常量都具有一个以 K 开头的唯一编号（K1、K2 等）。还可以对存储常量进行命名。有关存储和处理常量的信息，可转到处理工作表并单击"定义存储常量"。

3.2.1.5 命令窗格

历史窗口/命令行：默认情况下，此窗格不显示。要显示此窗格，请选择查看命令行/历史记录或按"Ctrl+K"。如果在该窗格可见时关闭 Minitab，则下一次打开 Minitab 时该窗格为可见。

命令行：可以从该位置中输入或粘贴命令语言以执行分析。

历史记录：Minitab 用于运行分析的命令语言。选择历史记录窗格中的命令和子命令并将其复制到命令行窗格中，可以再次编辑和运行。

3.2.2 实验设计基本步骤

3.2.2.1 常用基础概念

实验指标：指能够表征实验结果特性的参数，作为实验研究过程的因变量，是实验研究的主要内容，与实验目标息息相关。如产品的性能、质量、产量等均可作为衡量实验效果的指标。

因素：实验研究过程的自变量，指可能对实验结果产生影响的实验参数，如温度、压力、流动性等。

水平：实验研究中因素所处的具体状态或情况，又称为等级。如温度可分别选取不同的值，所选取值的数目就是因素的水平数。

3.2.2.2 基本操作步骤

Minitab 实验设计的主要步骤归纳为：数据输入（或导入）→选择设计类型→创建实验设计→实验设计分析→分析结果输出。

步骤一 创建实验设计。点击"统计"→"DOE"，选择实验设计类型并创建实验设计。

步骤二 实验设计分析。点击"统计"→"DOE"→实验类型→实验设计分析。

步骤三 分析结果输出。选中所需要的内容，点击旁边的下拉菜单，发送到 Word/PowerPoint，或者另存为图片。

3.3 正交实验设计与分析

对于单因素或两因素实验，因其因素少，实验的设计、实施与分析都比较简单。但在实际工作中，常常需要同时考察三个或三个以上的实验因素，若进行全面实验，则实验的规模将很大，往往因实验条件的限制而难以实施。正交实验设计就是安排多因素实验、寻求最优水平组合的一种高效率实验设计方法。正交实验设计以概率论、数理统计和实践经验为基础，利用规格化的正交表，科学地挑选实验条件，合理安排实验，是目前最常用的实验设计方法之一，对于多因素、多水平的实验具有设计简便、节省实验单元而统计效率高等特点。该方法是 20 世纪 50 年代由日本质量管理专家田口玄一提出，由于具有均衡分散、整齐可比的特点，所需工作量小又可得到全面的实验分析结果，得到了广泛的应用，被称为国际标准型正交实验法，又称为田口设计。

3.3.1 基本程序

3.3.1.1 确定实验指标

实验设计前必须明确实验目的，即本次实验要解决什么问题。实验目的确定后，对实验结果如何衡量，即需要确定出实验指标。实验指标可为定量指标，也可为定性指标。

3.3.1.2 确定因素与水平

根据专业知识、以往的研究结论和经验，从影响实验指标的诸多因素中，通过因果分析筛选出需要考察的实验因素。一般确定实验因素时，应以对实验指标影响大的因素、尚未考察过的因素、尚未完全掌握其规律的因素为先。

3.3.1.3 选用合适的正交表（L 表）

正交表的选择是正交实验设计的首要问题。一般都是先确定试验的因素、水平和交互作用，后选择适用的 L 表。在确定因素的水平数时，主要因素宜多安排几个水平，次要因素可少安排几个水平。正交表的选择原则如下：

（1）先看水平数。若各因素全是 2 水平，就选用 L（2*）表；若各因素全是 3 水平，就选 L（3*）表。若各因素的水平数不相同，就选择适用的混合水平表。

（2）每一个交互作用在正交表中应占一列或二列。要看所选的正交表是否足够大，能否容纳得下所考虑的因素和交互作用。为了对试验结果进行方差分析或回归分析，还必须至少留一个空白列，作为"误差"列，在极差分析中要作为"其他因素"列处理。

（3）要看试验精度的要求。若要求高，则宜取实验次数多的 L 表。

（4）若试验费用很昂贵，或试验的经费很有限，或人力和时间都比较紧张，则不宜选实验次数太多的 L 表。

（5）按原来考虑的因素、水平和交互作用去选择正交表，若无正好适用的正交表可选，简便且可行的办法是适当修改原定的水平数。

（6）对某因素或某交互作用的影响存在没有把握的情况下，选择 L 表时，若条件许可，应尽量选用大表，让影响存在的可能性较大的因素和交互作用各占适当的列。某因素或某交互作用的影响是否真的存在，留到方差分析进行显著性检验时再做结论。这样既可以减少试验的工作量，又不至于漏掉重要的信息。

3.3.1.4 设计表头

表头设计就是把实验因素和考察的交互作用分别安排到正交表的各列中的过程。在不考察交互作用时，各因素可随机安排在各列；若考察交互作用，就应按所选正交表的交互作用列表安排各因素与交互作用，以防止设计"混杂"。

3.3.1.5 编制实验方案

按方案进行实验，记录实验结果。把正交表中安排各因素列（不包含欲考察的交互作用列）中的每个水平数字换成该因素的实际水平值，形成正交实验方案。

3.3.1.6 实验结果分析

分清各因素及其交互作用的主次顺序，分清哪个是主要因素，哪个是次要因素；判断因素对实验指标影响的显著程度；找出实验因素的较优水平和实验范围内的最优组合，及实验因素各取什么水平时，实验指标最好；了解各因素之间的交互作用情况；估计实验误差的大小。

3.3.2 正交表

在正交实验设计中，正交表是一种特殊的表格，它是正交实验设计中安排实验和分析实验结果的工具。

3.3.2.1 正交表类型

正交表是一整套规则的设计表格 $L_n(t^c)$，用 L 表示正交表的代号，n 为实验的次数，

t 为各因素的水平数，c 为正交表的列数，也就是最多能安排的因素个数。例如 $L_8(2^7)$，表示需做 8 次实验，最多可观察 7 个因素，每个因素均为 2 水平。

3.3.2.2　正交表基本性质

正交性：任一列中，各水平都出现，且出现的次数相等。任两列之间各种不同水平的所有可能组合都出现，且对出现的次数相等。即每个因素的一个水平与另一因素的各个水平所有可能组合次数相等，表明任意两列各个数字之间的搭配是均匀的。

代表性：任一列的各水平都出现，使得部分实验中包括了所有因素的所有水平；任两列的所有水平组合出现，使任意两因素间的实验组合为全面实验。同时，由于正交表的正交性，正交实验的实验点必然均衡地分布在全面实验点中，具有很强的代表性。因此，部分实验寻找的最优条件与全面实验所找的最优条件，应有一致的趋势。

综合可比性：任一列的各水平出现的次数相等；任两列间所有水平组合出现次数相等，使得任一因素各水平的实验条件相同。这就保证了在每列因素各水平的效果中，最大限度地排除了其他因素的干扰。从而可以综合比较该因素不同水平对实验指标的影响情况。

3.3.3　正交实验设计

用正交表安排多因素实验的方法，称为正交实验设计法。其特点为：（1）完成实验要求所需的实验次数少；（2）数据点的分布均匀；（3）可用相应的极差分析法、方差分析法、回归分析方法等对实验结果进行分析，引出许多有价值的结论。

步骤一　确定实验条件的因素和水平数。

根据实验要求，确定实验条件的因素和水平数，最好通过列表形式明确。如探究 CaF_2-CaO-Al_2O_3-SiO_2-MgO 渣系各成分对黏度性能的影响规律，选用五因素四水平正交实验设计方法。

步骤二　制定因素正交表。

通过 Minitab 创建正交表，依次选择工具栏"统计"→"DOE"→"田口"→"创建田口设计"，弹出"田口设计"对话框（图 3-3）。

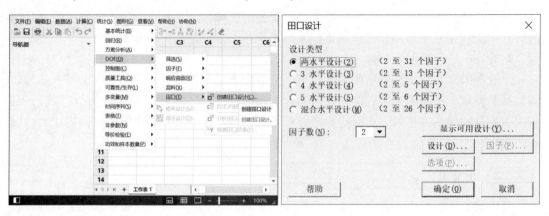

图 3-3

在"田口设计"对话框中，选择"4 水平设计"，因子数选择 5（图 3-4）。

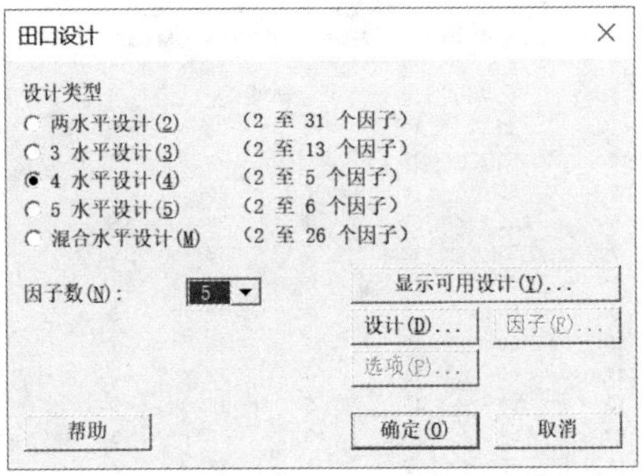

图 3-4

点击"设计",查看可选设计方案（图 3-5）。

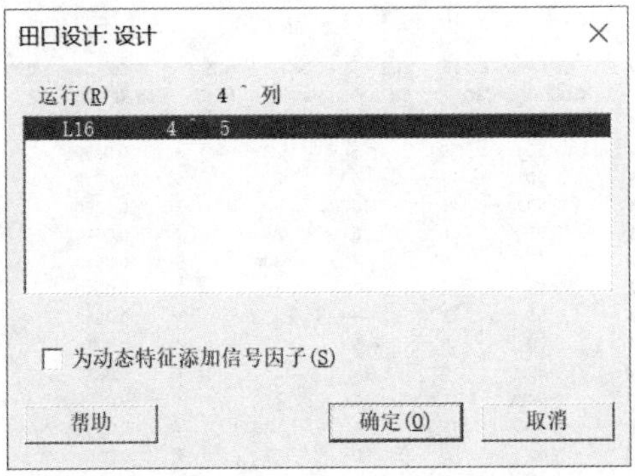

图 3-5

点击"因子",在弹出的对话框中修改名称、水平值（图 3-6）。

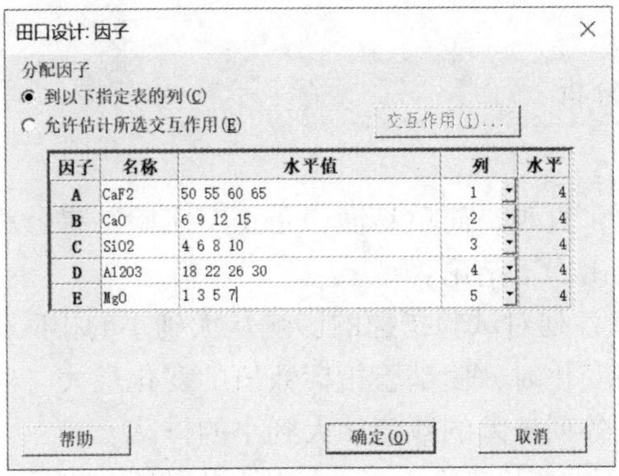

图 3-6

点击"确定",正交实验设计完毕,共 16 组实验（图 3-7）。

步骤三 输入实验结果。

进行实验,将第 6 列名称修改为黏度/（Pa·s）,并将实验结果填入正交表（图 3-8）。

	C1	C2	C3	C4	C5	C6
	CaF2	CaO	SiO2	Al2O3	MgO	
1	50	6	4	18	1	
2	50	9	6	22	3	
3	50	12	8	26	5	
4	50	15	10	30	7	
5	55	6	6	26	7	
6	55	9	4	30	5	
7	55	12	10	18	3	
8	55	15	8	22	1	
9	60	6	8	30	3	
10	60	9	10	26	1	
11	60	12	4	22	7	
12	60	15	6	18	5	
13	65	6	10	22	5	
14	65	9	8	18	7	
15	65	12	6	30	1	
16	65	15	4	26	3	
17						

图 3-7

	C1	C2	C3	C4	C5	C6	C7
	CaF2	CaO	SiO2	Al2O3	MgO	黏度/(Pa·s)	
1	50	6	4	18	1	0.0280	
2	50	9	6	22	3	0.0250	
3	50	12	8	26	5	0.0360	
4	50	15	10	30	7	0.1290	
5	55	6	6	26	7	0.0610	
6	55	9	4	30	5	0.0510	
7	55	12	10	18	3	0.0890	
8	55	15	8	22	1	0.0950	
9	60	6	8	30	3	0.1010	
10	60	9	10	26	1	0.0930	
11	60	12	4	22	7	0.0210	
12	60	15	6	18	5	0.0595	
13	65	6	10	22	5	0.0050	
14	65	9	8	18	7	0.0590	
15	65	12	6	30	1	0.0290	
16	65	15	4	26	3	0.0700	
17							

图 3-8

3.3.4 正交实验结果分析

3.3.4.1 极差分析

极差分析法计算简便，直观，简单易懂，是正交实验结果分析最常用的方法。用极差法分析正交试验结果可得出以下结论：

（1）在试验范围内，各列对试验指标的影响从大到小的排队。某列的极差最大，表示该列的数值在试验范围内变化时，使试验指标数值的变化最大。所以各列对试验指标的影响从大到小的排队，就是各列极差的数值从大到小的排队。

（2）试验指标随各因素的变化趋势。为了直观地看到变化趋势，可将计算结果绘制成图。

（3）试验指标最好的适宜的操作条件（适宜的因素水平搭配）。

（4）对所得结论和进一步的研究方向进行讨论。

具体分析步骤为：

步骤一 数据导入。

依次选择工具栏"统计"→"DOE"→"田口"→"分析田口设计"，弹出"分析田口数据"对话框（图 3-9）。

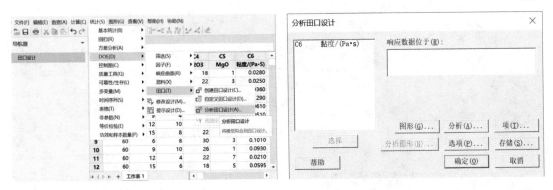

图 3-9

将实验数值列选择到"响应数据位于"框内（图 3-10）。

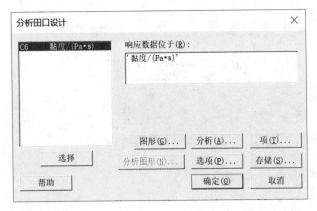

图 3-10

步骤二 选择极差分析方法。

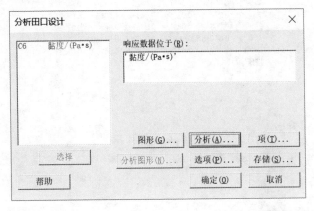

图 3-11

点击"分析"按钮，选择要分析的项（均值）（图 3-12）。

步骤三 输出分析结果。

依次点击"确定"按钮，得到极差分析结果（均值响应表和均值主效应图，图 3-13~图 3-15）。

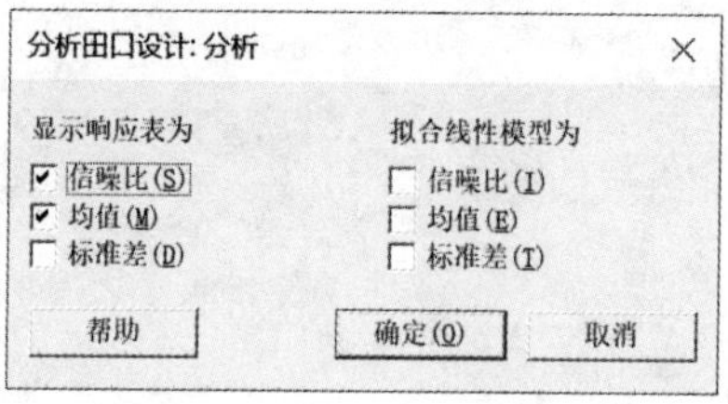

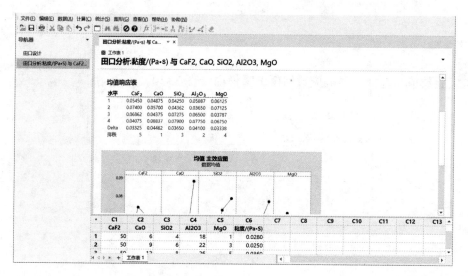

图 3-12

图 3-13

均值响应表

水平	CaF$_2$	CaO	SiO$_2$	Al$_2$O$_3$	MgO
1	0.05450	0.04875	0.04250	0.05887	0.06125
2	0.07400	0.05700	0.04362	0.03650	0.07125
3	0.06862	0.04375	0.07275	0.06500	0.03787
4	0.04075	0.08837	0.07900	0.07750	0.06750
Delta	0.03325	0.04462	0.03650	0.04100	0.03338
排秩	5	1	3	2	4

图 3-14

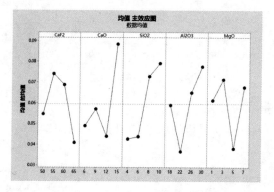

图 3-15

　　根据正交试验结果判断因素对指标影响程度，如示例中各组分对炉渣黏度影响的强弱顺序为 $CaO>Al_2O_3>SiO_2>MgO>CaF_2$。

3.3.4.2　方差分析

　　极差分析法简单明了，通俗易懂，计算工作量少，但这种方法不能将实验中由于实验条件改变引起的数据波动同实验误差引起的数据波动区分开来。也就是说，不能区分因素各水平间对应实验结果的差异究竟是由于因素水平不同引起的，还是由于实验误差引起的，无法估计实验误差的大小。此外，各因素对实验结果的影响大小无法精确估计，不能提出一个标准来判断所考察因素作用是否显著，为了弥补极差分析的缺陷，可采用方差分析。

　　与极差法相比，方差分析方法可以多引出一个结论：各列对试验指标的影响是否显著，在什么水平上显著。在数理统计上，这是一个很重要的问题。显著性检验强调试验在分析每列对指标影响中所起的作用。如果某列对指标影响不显著，那么，讨论试验指标随它的变化趋势是毫无意义的。因为在某列对指标的影响不显著时，即使从表中的数据可以看出该列水平变化时，对应的试验指标的数值也在以某种"规律"发生变化，但那很可能是由于实验误差所致，将它作为客观规律是不可靠的。有了各列的显著性检验之后，最后应将影响不显著的交互作用列与原来的"误差列"合并起来。组成新的"误差列"，重新检验各列的显著性。

　　将实验结果填入相应结果栏中，进行方差分析。

　　具体分析步骤为：

步骤一　确定响应指标和因子种类。

　　依次选择工具栏"统计"→"方差分析"→"一般线性模型"→"拟合一般线性模型"（图 3-16 和图 3-17）。

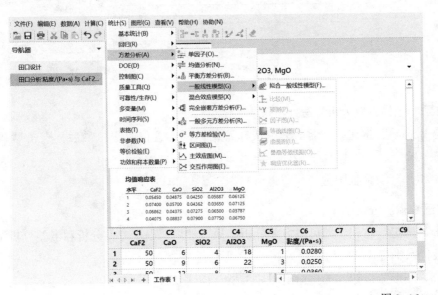

图 3-16

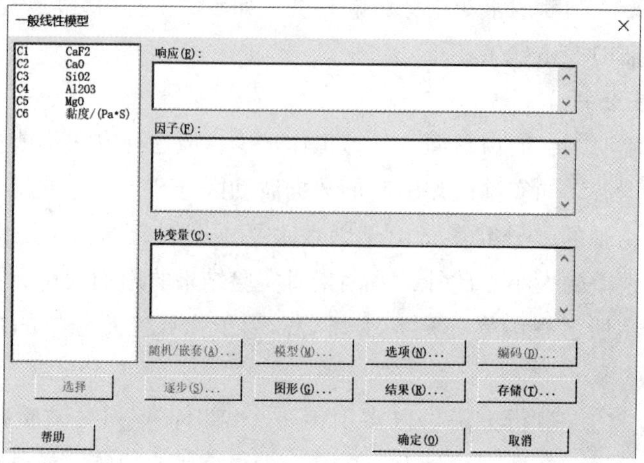

图 3-17

将实验结果选择到"响应"框，五因素（C1、C2、C3、C4、C5），选择到"因子"框内（图3-18）。

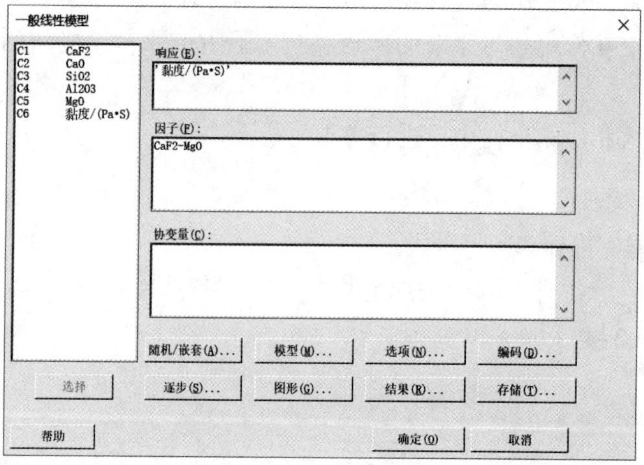

图 3-18

步骤二 选择方差分析方法。

点击"选项"按钮，在对话框中选择置信区间、置信水平，最后，点击"确定"按钮（图3-19）。

在"结果"对话框中选择"方差分析"（图3-20）。

步骤三 输出分析结果。

点击"确定"按钮，即可得方差分析结果。然后，根据方差分析和极差分析结果，最终确定最优水平（图3-21）。

点击"图形"按钮，选择输出图片类型（图3-22）。

选择散点图，弹出对话框后，继续选择简单类型（图3-23）。

确定 X 和 Y 轴之后，绘制图形（图3-24和图3-25）。

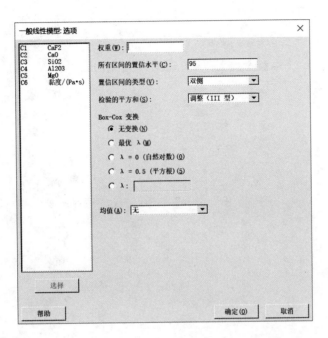

图 3-19

图 3-20

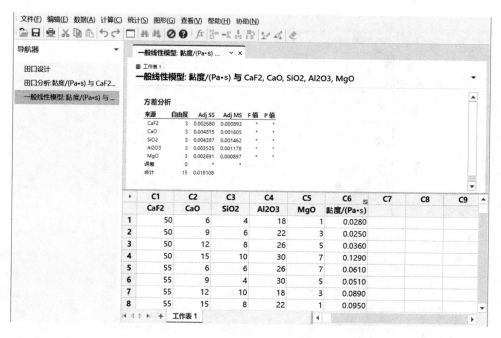

图 3-21

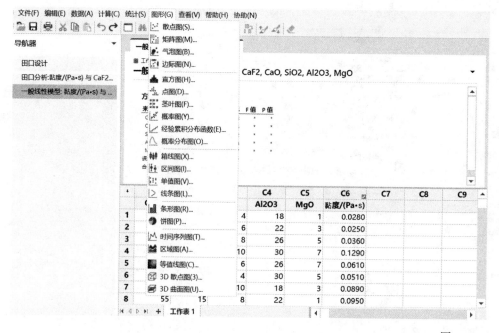

图 3-22

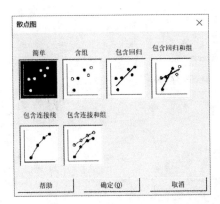

图 3-23

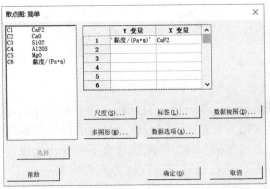

图 3-24

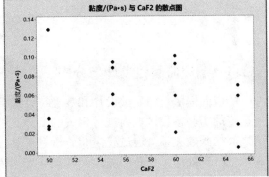

图 3-25

3.3.5　图形编辑

双击待编辑图标，如均值主效应图，弹出可编辑界面（图 3-26 和图 3-27）。

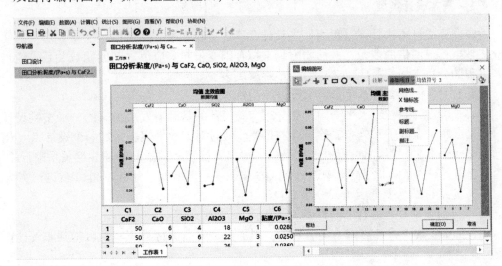

图 3-26

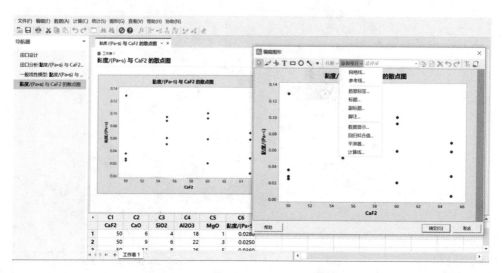

图 3-27

3.4　响应曲面法设计与分析

响应曲面法是将实验设计和数理统计进行结合而成的产物，通过合理的实验设计，在所选定的实验参数区域内进行相关的实验，再采用多元二次回归方程来拟合各因素与响应值之间的函数关系，通过建模和分析寻求最优工艺参数。响应曲面法集合了实验优化设计和数据分析处理，在新产品设计和新工艺开发及优化改进等方面发挥着非常重要的作用。响应曲面法广泛应用于冶金化工、材料制备、生物医学和生物制药等领域的实验设计和工艺优化过程中。在响应曲面优化研究过程中，通常的程序是实验设计→开展实验→模型拟合→过程优化及实验验证。通常来说，在响应曲面优化研究过程中，自变量与相应的响应之间的函数关系是不确定的。因此，响应曲面优化研究的首要任务就是寻找一个合适的函数关系式来描述自变量与相应的响应之间的真实函数关系。

3.4.1　基本设计类型

响应曲面设计方法具体过程为：先设计合适的实验方法，然后按照实验方法进行实验并收集数据，继而借助多元二次回归方程来拟合因变量与响应值之间的函数关系，通过对回归方程的分析来探索最优工艺参数，最终解决多变量问题。

3.4.1.1　中心组合（复合）设计（CCD）

中心复合设计是在二水平全因子和分布实验设计的基础上发展出来的一种实验设计方法，它是二水平全因子和分布实验设计的拓展。通过对二水平实验增加一个设计点（相当于增加了一个水平），从而可以对评价指标（输出变量）和因素间的非线性关系进行评估。常用于在需要对因素的非线性影响进行测试的实验。在使用时，一般按三个步骤进行实验：

（1）先进行二水平全因子或分布实验设计；

（2）再加上中心点进行非线性测试；

（3）如果发现非线性影响为显著影响，则加上轴向点进行补充实验以得到非线性预测方程。

3.4.1.2　Box-Behnken 设计（BBD）

Box-Behnken 实验设计是可以评价指标和因素间的非线性关系的一种实验设计方法。

和中心复合设计不同的是它不需要连续进行多次实验，并且在因素数相同的情况下，Box-Behnken 实验的实验组合数比中心复合设计少，因而更经济。Box-Behnken 实验设计常用于在需要对因素的非线性影响进行研究时的实验。

3.4.2 中心复合设计

中心复合设计一般步骤如下：

（1）确定因素及水平，注意水平数输入量为 2 边界值，因素数一般不超过 4 个，因素均为计量数据；

（2）创建"中心复合实验设计"；

（3）确定实验运行顺序；

（4）进行实验并收集数据；

（5）分析数据；

（6）优化因素的设置水平。

具体设计步骤：

步骤一　确定实验条件的因素和水平数。

根据实验要求，确定实验条件的因素和水平数，最好通过列表形式明确。如探究温度、pH 值、晶种量对针铁矿除铁率的影响规律，选用三因素三水平中心复合实验设计方法。

步骤二　创建中心复合设计。

依次选择工具栏"统计"→"DOE"→"响应曲面"→"创建响应曲面设计"（图3-28）。

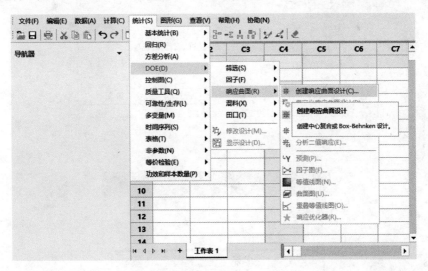

图 3-28

在"创建响应曲面设计"对话框中，选择"中心复合"；"连续因子数"选择 3（图 3-29）。

点击"设计"，查看可选设计方案，并根据实验要求中心点数选择 3（无要求可选默认）自定义 Alpha 值为 1，点击"确定"（图 3-30）。

点击"因子"，在弹出的对话框中选择"立方点"（或"轴点"），并修改名称、水平值（图 3-31）。

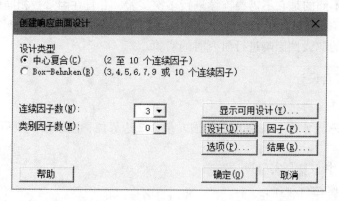

图 3-29

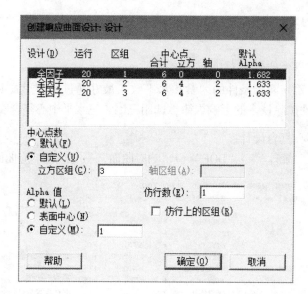

图 3-30

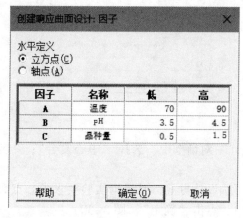

图 3-31

点击"结果",选择"汇总表"(或"汇总表和设计表",图 3-32)。

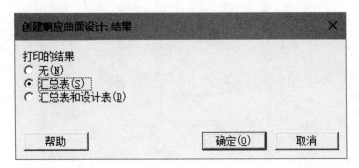

图 3-32

点击"确定",中心复合设计完毕,共 17 组实验(图 3-33)。

↓	C1	**C2**	C3	C4	C5	C6	C7	C8
	标准序	运行序	点类型	区组	温度	pH	晶种量	
1	14	1	-1	1	80	4.0	1.5	
2	2	2	1	1	90	3.5	0.5	
3	6	3	1	1	90	3.5	1.5	
4	8	4	1	1	90	4.5	1.5	
5	11	5	-1	1	80	3.5	1.0	
6	7	6	1	1	70	4.5	1.5	
7	4	7	1	1	90	4.5	0.5	
8	13	8	-1	1	80	4.0	0.5	
9	12	9	-1	1	80	4.5	1.0	
10	3	10	1	1	70	4.5	0.5	
11	9	11	-1	1	70	4.0	1.0	
12	10	12	-1	1	90	4.0	1.0	
13	17	13	0	1	80	4.0	1.0	
14	1	14	1	1	70	3.5	0.5	
15	15	15	0	1	80	4.0	1.0	
16	5	16	1	1	70	3.5	1.5	
17	16	17	0	1	80	4.0	1.0	
18								

图 3-33

生成的中心复合设计表,图中 C5、C6、C7 三列分别代表三种因素,"标准序"列是软件为实验者提供的随机实验序列;"运行序"列是实验序列号;"点类型"列表示各实验点的编码类型,"0"表示该实验点为实验设计立方体的中心原点,"1"表示该实验点为实验设计立方体的顶点,"–1"表示该实验设计立方体的非以上两种情况的点;"区组"是实验组数。

步骤三 输入实验结果。

进行实验,将第 8 列名称修改为除铁率/%,并将实验结果填入 C8 单元格(图 3-34)。

↓	C1	C2	C3	C4	C5	C6	C7	C8	C9
	标准序	运行序	点类型	区组	温度	pH	晶种量	除铁率/%	
1	14	1	-1	1	80	4.0	1.5	98.23	
2	2	2	1	1	90	3.5	0.5	99.54	
3	6	3	1	1	90	3.5	1.5	97.91	
4	8	4	1	1	90	4.5	1.5	98.67	
5	11	5	-1	1	80	3.5	1.0	96.82	
6	7	6	1	1	70	4.5	1.5	98.44	
7	4	7	1	1	90	4.5	0.5	99.83	
8	13	8	-1	1	80	4.0	0.5	97.56	
9	12	9	-1	1	80	4.5	1.0	99.86	
10	3	10	1	1	70	4.5	0.5	98.73	
11	9	11	-1	1	70	4.0	1.0	96.93	
12	10	12	-1	1	90	4.0	1.0	97.96	
13	17	13	0	1	80	4.0	1.0	99.64	
14	1	14	1	1	70	3.5	0.5	96.23	
15	15	15	0	1	80	4.0	1.0	99.32	
16	5	16	1	1	70	3.5	1.5	94.56	
17	16	17	0	1	80	4.0	1.0	99.19	
18									

图 3-34

3.4.3　Box-Behnken 设计

以下示例说明 Box-Behnken 设计的一般步骤。

步骤一　确定实验条件的因素和水平数。

根据实验要求,确定实验条件的因素和水平数,最好通过列表形式明确。如探究转化剂浓度、转化温度、转化时间、液固比对铅膏脱硫率的影响规律,选用四因素三水平 Box-Behnken 实验设计方法。

步骤二　创建 Box-Behnken 设计。

依次选择工具栏"统计"→"DOE"→"响应曲面"→"创建响应曲面设计"（图 3-35）。

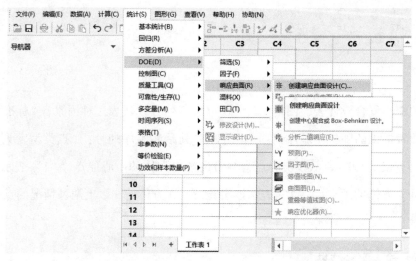

图 3-35

在"创建响应曲面设计"对话框中，选择"Box-Behnken"→"连续因子数"选择 4（图 3-36）。

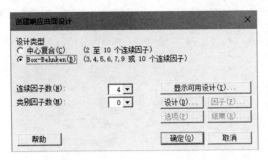

图 3-36

点击"设计"，根据实验要求中心点数选择 5（无要求可选择默认），单击"确定"（图 3-37）。

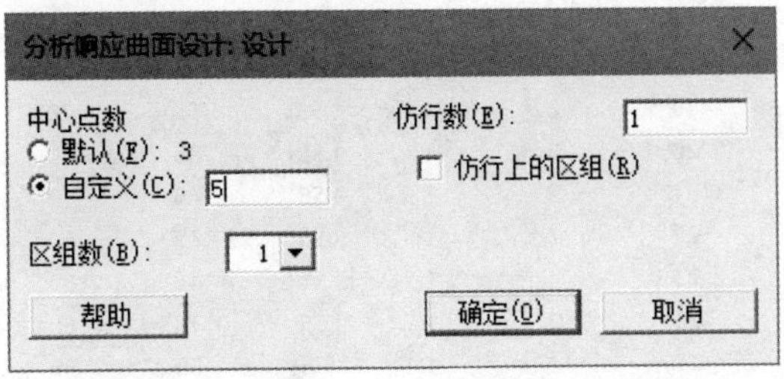

图 3-37

点击"因子"，在弹出的对话框中修改名称、水平值（图 3-38）。

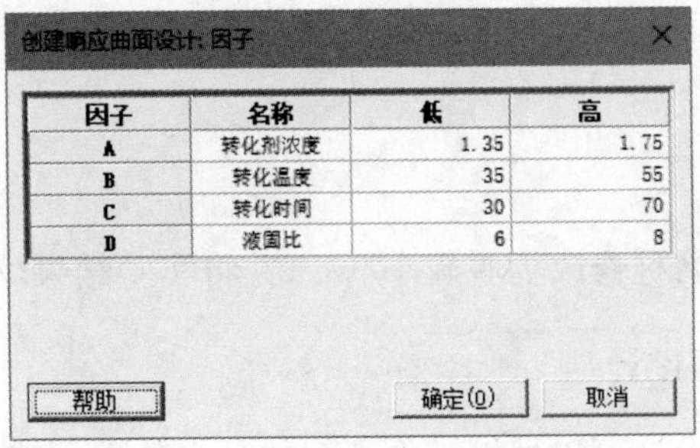

因子	名称	低	高
A	转化剂浓度	1.35	1.75
B	转化温度	35	55
C	转化时间	30	70
D	液固比	6	8

图 3-38

点击"结果"，选择"汇总表"（或"汇总表和设计表"，图 3-39）。

图 3-39

点击"确定",Box-Behnken 设计完毕,共 29 组实验(图 3-40)。

→	C1	C2	C3	C4	C5	C6	C7	C8	C9
	标准序	运行序	点类型	区组	转化剂浓度	转化温度	转化时间	液固比	
1	7	1	2	1	1.55	45	30	8	
2	21	2	2	1	1.55	35	50	6	
3	29	3	0	1	1.55	45	50	7	
4	3	4	2	1	1.35	55	50	7	
5	13	5	2	1	1.55	35	30	7	
6	28	6	0	1	1.55	45	50	7	
7	19	7	2	1	1.35	45	70	7	
8	18	8	2	1	1.75	45	30	7	
9	14	9	2	1	1.55	55	30	7	
10	15	10	2	1	1.55	35	70	7	
11	9	11	2	1	1.35	45	50	6	
12	6	12	2	1	1.55	45	70	6	
13	20	13	2	1	1.75	45	70	7	
14	12	14	2	1	1.75	45	50	8	
15	4	15	2	1	1.75	55	50	7	
16	10	16	2	1	1.75	45	50	6	
17	24	17	2	1	1.55	55	50	8	
18	1	18	2	1	1.35	35	50	7	
19	16	19	2	1	1.55	55	70	7	
20	11	20	2	1	1.35	45	50	8	
21	8	21	2	1	1.55	45	70	8	
22	23	22	2	1	1.55	35	50	8	
23	17	23	2	1	1.35	45	30	7	
24	27	24	0	1	1.55	45	50	7	
25	2	25	2	1	1.75	35	50	7	
26	25	26	0	1	1.55	45	50	7	
27	26	27	0	1	1.55	45	50	7	
28	22	28	2	1	1.55	55	50	6	
29	5	29	2	1	1.55	45	30	6	
30									

图 3-40

步骤三 输入实验结果。

进行实验,将第 9 列名称修改为脱硫率/%,并将实验结果填入 C9 单元格(图3-41)。

3.4.4 自定义响应曲面设计

使用自定义响应曲面设计可以根据工作表中的已有数据创建设计,可以指定哪些列包含因子和其他设计特征(如区组或点类型)。以 3.4.2 节探究温度、pH 值、晶种量对针铁矿除铁率的影响规律为例,选用三因素三水平中心复合实验设计方法。

步骤一 输入数据。

手工输入:手工输入数据类似于 Excel 输入数据,用鼠标点击某一单元格,输入数据(图 3-42)。

导入已有数据:将鼠标移至菜单栏"文件"处点击,在其下拉菜单中选择"打开",找到所需文件(图 3-43)。

点击"打开",在弹出的"打开 Excel 文件-中心复合设计"对话框中,"要导入的第一行"选择 1,"要导入的最后一行"选择 18(图 3-44)。

↓	C1	C2	C3	C4	C5	C6	C7	C8	C9	C10
	标准序	运行序	点类型	区组	转化剂浓度	转化温度	转化时间	液固比	脱硫率/%	
1	7	1	2	1	1.55	45	30	8	91.92	
2	21	2	2	1	1.55	35	50	6	86.98	
3	29	3	0	1	1.55	45	50	7	94.48	
4	3	4	2	1	1.35	55	50	7	90.50	
5	13	5	2	1	1.55	35	30	7	83.72	
6	28	6	0	1	1.55	45	50	7	94.48	
7	19	7	2	1	1.35	45	70	7	96.35	
8	18	8	2	1	1.75	45	30	7	82.47	
9	14	9	2	1	1.55	55	30	7	88.96	
10	15	10	2	1	1.55	35	70	7	93.28	
11	9	11	2	1	1.35	45	50	6	82.23	
12	6	12	2	1	1.55	45	70	6	95.63	
13	20	13	2	1	1.75	45	70	7	98.52	
14	12	14	2	1	1.75	45	50	8	90.25	
15	4	15	2	1	1.75	55	50	7	96.24	
16	10	16	2	1	1.75	45	50	6	85.04	
17	24	17	2	1	1.55	55	50	8	95.37	
18	1	18	2	1	1.35	35	50	7	89.42	
19	16	19	2	1	1.55	55	70	7	93.83	
20	11	20	2	1	1.35	45	50	8	85.30	
21	8	21	2	1	1.55	45	70	8	95.32	
22	23	22	2	1	1.55	35	50	8	93.24	
23	17	23	2	1	1.35	45	30	7	83.20	
24	27	24	0	1	1.55	45	50	7	94.48	
25	2	25	2	1	1.75	35	50	7	90.95	
26	25	26	0	1	1.55	45	50	7	91.48	
27	26	27	0	1	1.55	45	50	7	94.48	
28	22	28	2	1	1.55	55	50	6	90.73	
29	5	29	2	1	1.55	45	30	6	80.91	
30										

图 3-41

	A	B	C	D
1	温度	pH	晶种量	
2	80	4	1.5	
3	90	3.5	0.5	
4	90	3.5	1.5	
5	90	4.5	1.5	
6	80	3.5	1	
7	70	4.5	1.5	
8	90	4.5	0.5	
9	80	4	0.5	
10	80	4.5	1	
11	70	4.5	0.5	
12	70	4	1	
13	90	4	1	
14	80	4	1	
15	70	3.5	0.5	
16	80	4	1	
17	70	3.5	1.5	
18	80	4	1	
19				

图 3-42

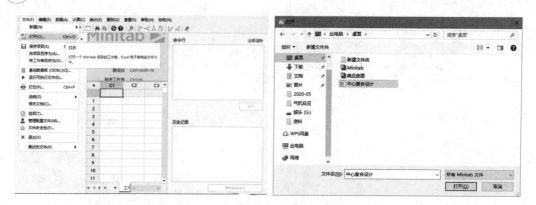

图 3-43

打开 Excel 文件 - 中心复合设计.xls					

要导入的第一行(F): 1

要导入的最后一行(L): 18

☑ 数据具有列名称(D)

预览 Minitab 工作表(M)

	☑ A	☑ B	☑ C	☐ D	☐ E
	数字	数字	数字		
1	温度	pH	晶种量		
2	80	4	1.5		
3	90	3.5	0.5		
4	90	3.5	1.5		
5	90	4.5	1.5		
6	80	3.5	1		
7	70	4.5	1.5		
8	90	4.5	0.5		
9	80	4	0.5		
10	80	4.5	1		
11	70				

帮助   确定(O)   取消   选项(P)...

图 3-44

点击"确定",完成数据导入（图 3-45）。

↓	C1	C2	C3	C4
	温度	pH	晶种量	
1	80	4.0	1.5	
2	90	3.5	0.5	
3	90	3.5	1.5	
4	90	4.5	1.5	
5	80	3.5	1.0	
6	70	4.5	1.5	
7	90	4.5	0.5	
8	80	4.0	0.5	
9	80	4.5	1.0	
10	70	4.5	0.5	
11	70	4.0	1.0	
12	90	4.0	1.0	
13	80	4.0	1.0	
14	70	3.5	0.5	
15	80	4.0	1.0	
16	70	3.5	1.5	
17	80	4.0	1.0	
18				

图 3-45

步骤二 创建自定义响应曲面设计。

依次选择工具栏"统计"→"DOE"→"响应曲面"→"自定义响应曲面设计"（图 3-46）。

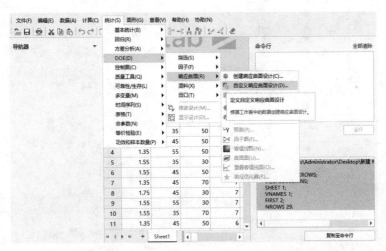

图 3-46

在弹出的"自定义响应曲面设计"对话框中，将 C1、C2、C3 选择至连续因子对话框中（图 3-47）。

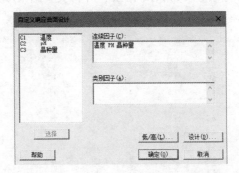

图 3-47

点击"低/高"，设置"因子的低值和高值"（图 3-48）。

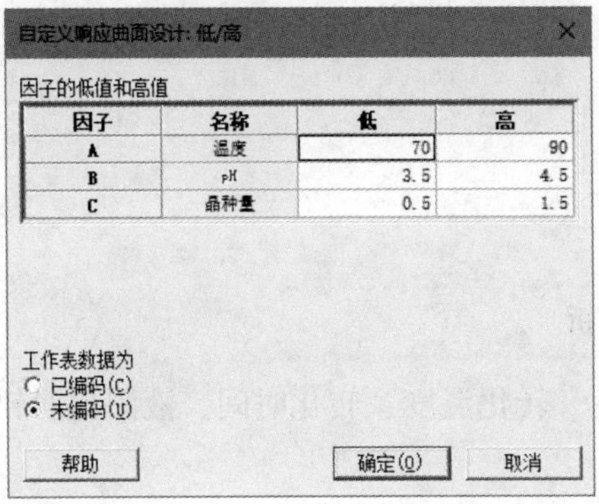

图 3-48

点击"确定",自定义响应曲面实验设计完毕,共17组实验(图3-49)。

↓	C1	C2	C3	C4	C5	C6	C7	C8
	温度	pH	晶种量	标准序	运行序	区组	点类型	
1	80	4.0	1.5	1	1	1	1	
2	90	3.5	0.5	2	2	1	1	
3	90	3.5	1.5	3	3	1	1	
4	90	4.5	1.5	4	4	1	1	
5	80	3.5	1.0	5	5	1	1	
6	70	4.5	1.5	6	6	1	1	
7	90	4.5	0.5	7	7	1	1	
8	80	4.0	0.5	8	8	1	1	
9	80	4.5	1.0	9	9	1	1	
10	70	4.5	0.5	10	10	1	1	
11	70	4.0	1.0	11	11	1	1	
12	90	4.0	1.0	12	12	1	1	
13	80	4.0	1.0	13	13	1	1	
14	70	3.5	0.5	14	14	1	1	
15	80	4.0	1.0	15	15	1	1	
16	70	3.5	1.5	16	16	1	1	
17	80	4.0	1.0	17	17	1	1	
18								

图 3-49

步骤三 输入实验结果。

进行实验,将第8列名称修改为除铁率/%,并将实验结果填入C8单元格(图3-50)。

↓	C1	C2	C3	C4	C5	C6	C7	C8	C9
	温度	pH	晶种量	标准序	运行序	区组	点类型	除铁率/%	
1	80	4.0	1.5	1	1	1	1	98.23	
2	90	3.5	0.5	2	2	1	1	99.54	
3	90	3.5	1.5	3	3	1	1	97.91	
4	90	4.5	1.5	4	4	1	1	98.67	
5	80	3.5	1.0	5	5	1	1	96.82	
6	70	4.5	1.5	6	6	1	1	98.44	
7	90	4.5	0.5	7	7	1	1	99.83	
8	80	4.0	0.5	8	8	1	1	97.56	
9	80	4.5	1.0	9	9	1	1	99.86	
10	70	4.5	0.5	10	10	1	1	98.73	
11	70	4.0	1.0	11	11	1	1	96.93	
12	90	4.0	1.0	12	12	1	1	97.96	
13	80	4.0	1.0	13	13	1	1	99.64	
14	70	3.5	0.5	14	14	1	1	96.23	
15	80	4.0	1.0	15	15	1	1	99.32	
16	70	3.5	1.5	16	16	1	1	94.56	
17	80	4.0	1.0	17	17	1	1	99.19	
18									

图 3-50

3.4.5 响应曲面设计分析

对3.4.3节转化剂浓度、转化温度、转化时间、液固比对铅膏脱硫率的影响规律进行分析。

具体分析步骤:

步骤一 分析响应曲面设计。

依次选择工具栏"统计"→"DOE"→"响应曲面"→"分析响应曲面设计"（图 3-51）。

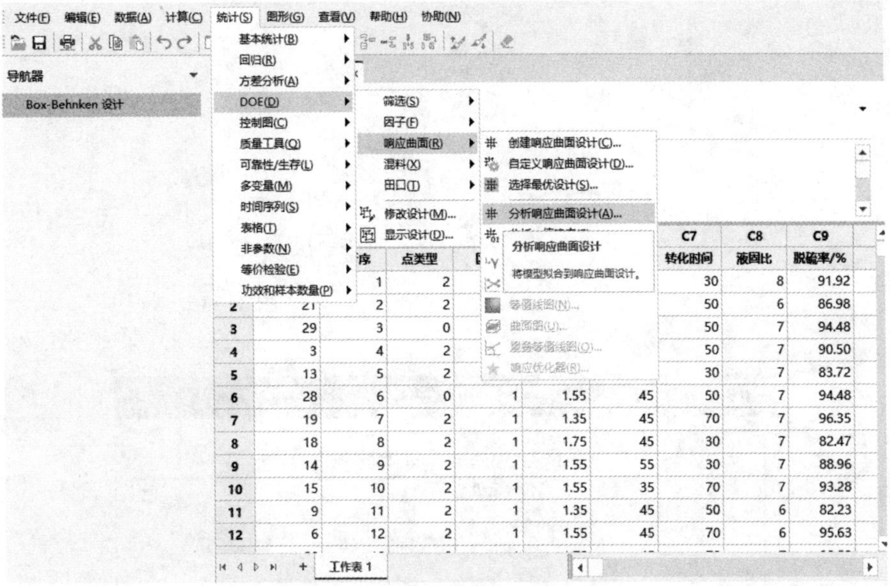

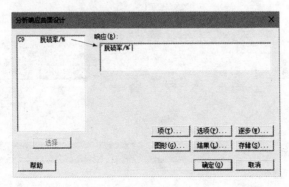

图 3-51

将实验值选择至"响应"（图 3-52）。

图 3-52

步骤二 选择分析方法。

点击"选项"，选择置信水平及置信区间（图 3-53）。

点击"图形"选择所需要的图形（图 3-54）。

点击"结果"，选择"方差分析""模型汇总""回归方程"等（图 3-55）。

步骤三 输出分析结果。

全部选择完毕后，点击"确定"，在数据分析图形展示区得到分析结果（图 3-56）。

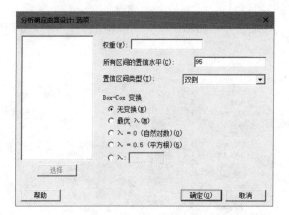

图 3-53

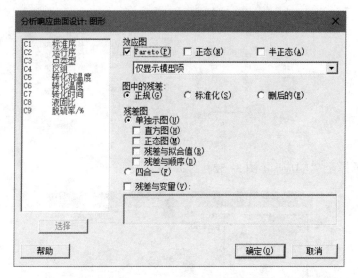

图 3-54

图 3-55

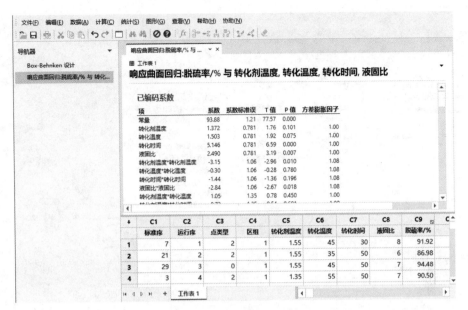

图 3-56

3.4.6 预测响应曲面结果

通过预测响应曲面结果，预测模型所选因子设计的信噪比和其他响应特征；检查响应表和主效应图，确定信噪比或标准差具有最大效应的因子和设计并选择若干个其他因子的设计组合。

从预测结果中，可以确定哪个因子设计组合最接近所需均值，而没有显著降低信噪比。通过预测结果确定最佳设计，然后使用这些设计执行后续试验，以确定预测值与观测结果的匹配程度。

预测值显示所选特征在指定因子设计时的拟合值。使用预测值确定哪些因子设计产生产品或过程的最佳结果。拟合值基于所指定的模型。

以 3.4.3 转化剂浓度、转化温度、转化时间、液固比对铅膏脱硫率的影响规律结果预测为例。

步骤一 预测响应曲面结果。

依次选择工具栏"统计"→"DOE"→"响应曲面"→"预测"（图 3-57）。

步骤二 选择预测参数。

在弹出的"预测"对话框中选择响应，选择"输入值列"，将因子选择至对应的对话框中（图 3-58）。

点击"结果"，选择"回归方程"和"预测表"（图 3-59）。

步骤三 输出预测结果。

点击"确定"，生成预测结果。从预测结果中，可以确定哪个因子设计组合最接近所需均值，而没有显著降低信噪比；通过预测结果确定最佳设计，然后使用这些设计执行后续实验，以确定预测值与观测结果的匹配程度（图 3-60）。

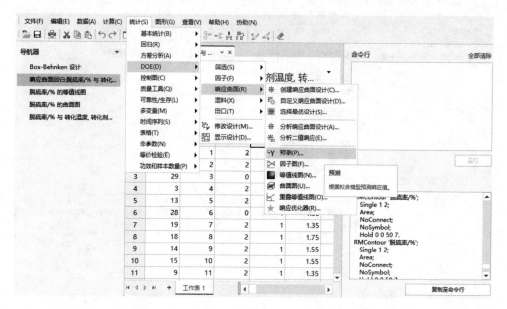

图 3-57

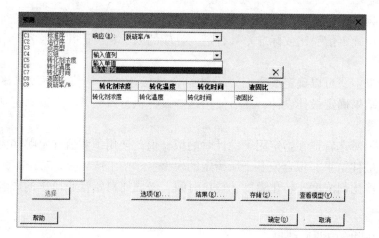

图 3-58

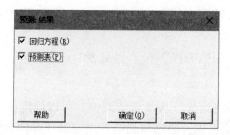

图 3-59

图 3-60

3.4.7　等值线图绘制

等值线图是利用 2D 等值线标绘两个连续预测变量和拟合响应之间的关系。

绘制具体步骤如下：

步骤一　等值线图绘制。

依次选择工具栏"统计"→"DOE"→"响应曲面"→"等值线图"（图 3-61）。

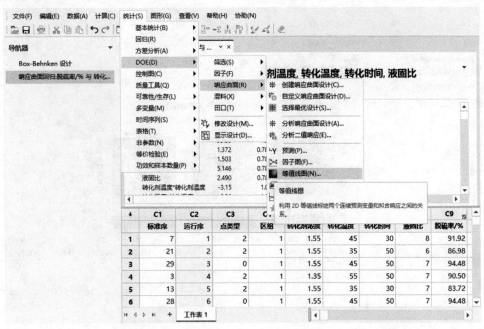

图 3-61

步骤二 选择图形参数。

在弹出的"等值线图"对话框中选择"为所有连续变量对生成图",若想得到一对变量的等值线图,可在变量处选择"为单个图选择一对变量",在 X、Y 轴选择变量(图3-62)。

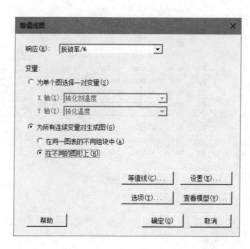

图 3-62

步骤三 输出图形。

得到的等值线图如图 3-63 所示。

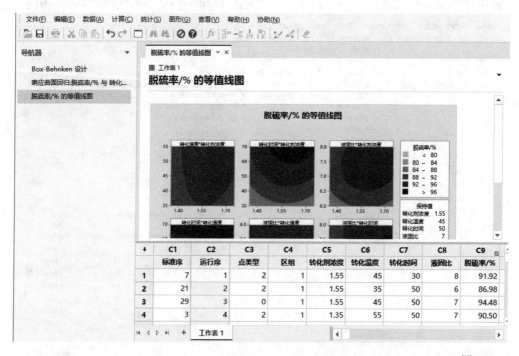

图 3-63

3.4.8 曲面图绘制

曲面图是利用 3D 标绘两个连续预测变量和拟合响应之间的关系。

绘制方法与上述 3.4.7 节等值线图绘制方法类似，所得曲面图如图 3-64 所示。

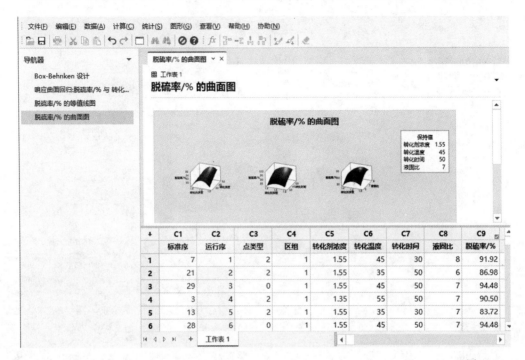

图 3-64

3.4.9 响应曲面最优化

为了探究响应曲面最优化组合，常使用响应优化器识别一个或多个拟合响应的预测变量值的组合。以 3.4.3 转化剂浓度、转化温度、转化时间、液固比对铅膏脱硫率的影响规律为例，对实验进行优化。

步骤一 响应曲面优化。

依次选择工具栏"统计"→"DOE"→"响应曲面"→"响应优化器"（图 3-65）。

步骤二 选择优化参数。

在出现的响应优化器对话框中选择优化目标（最大化，图 3-66）。

点击"设置"，根据实验目的选择上限、下限、目标值。修改后点击"确定"（图 3-67）。

步骤三 输出优化结果。

得到的最优化组合如图 3-68 所示。

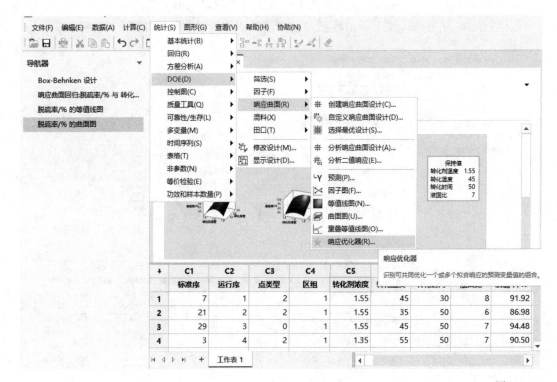

图 3-65

图 3-66

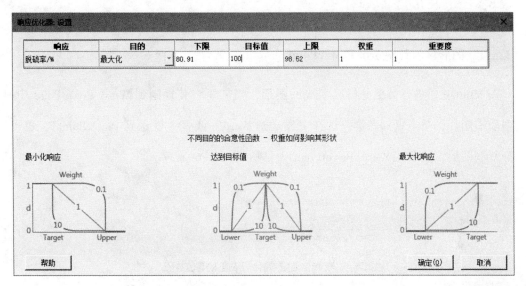

图 3-67

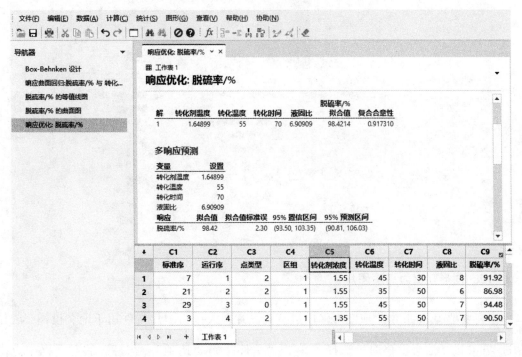

图 3-68

3.5 图形发布

3.5.1 图形复制到 Word/PowerPoint

在 Minitab 中进行数据分析后生成的图形，当需要将其复制到 Word/PowerPoint 中时，选中所需图片，单击鼠标右键，选择"发送到 Word"或者"发送到 PowerPoint"，也可以选择复制图形，然后在 Word/PowerPoint 中粘贴（图3-69）。

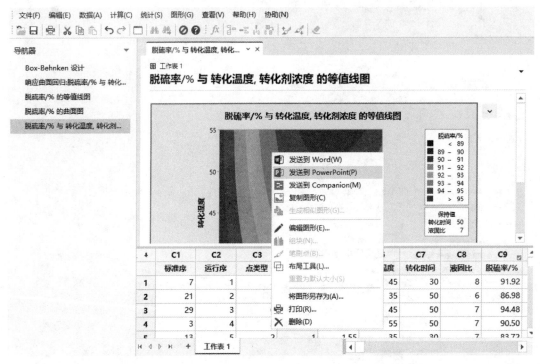

图 3-69

3.5.2 图形输出为高清图片

当需要把 Minitab 中生成图形输出成高清图片，或作为图片文件用于论文投稿，或粘贴进 Word 进行论文投稿时，选择菜单栏"文件"→"选项"，在打开的对话框中点击"制图"→"其他制图选项"，自定义图形分辨率不小于600，示例如图3-70和图3-71所示。

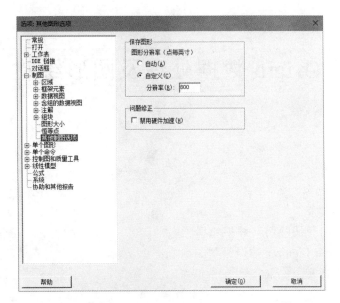

图 3-70

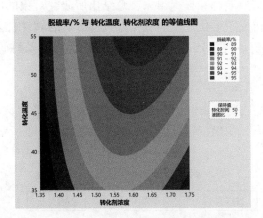

图 3-71

4 Origin 数据处理及图形绘制

《本 章 提 要》

1. 数据处理的意义。
2. Origin 基本功能。
3. Origin 典型科研图绘制及数据处理。
4. GetData Graph Digitizer 数据获取。
5. Origin 图形发布。

经过实验，将获得海量涉及多因素多条件的看似杂乱无章的实验数据，如何透过这些数据把隐藏在其背后的信息汇总和提炼出来，总结出所研究对象的内在规律，就需要对获得的数据进行加工、分析或图形化处理。数据处理和分析的软件较多，此处以应用广泛的 Origin 为例，结合实例进行示范讲解，既有软件的用法，也涉及科研信息的获取和分析。

4.1 软件基本功能

Origin 软件具有强大的数据分析功能和专业绘图能力，采用该软件可自动导入数据，进行数据分析，绘制图形和输出报告。Origin 主要功能如图 4-1 所示。

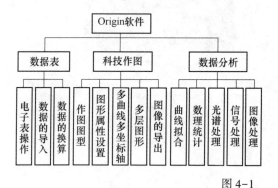

图 4-1

Origin 绘图基于模板，有几十种二维和三维绘图模板（图 4-2），绘图时，选择所需要的模板即可快速绘制。Origin 也允许用户自定义数学函数、图形样式和绘图模板，可以和数据库软件、办公软件、图像处理软件等方便连接。

4.2 软件基本操作

Origin 软件安装完成后，打开的初始界面如图 4-3 所示（Origin2018 中文版）。以下示例均采用 Origin2018 中文版，不同版本打开界面及操作有所不同。读者在熟悉示例的基础上，建议采用更高的版本，以充分利用新版本的功能丰富性和操作便捷性。

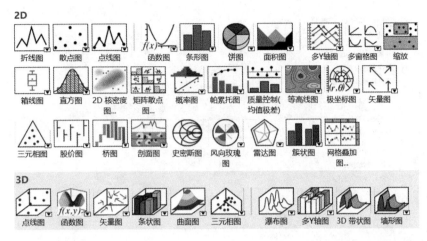

图 4-2

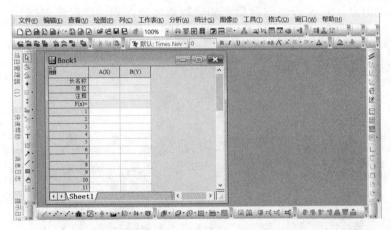

图 4-3

　　建议初始打开 Origin 界面后，将默认字体进行设置，因为中文版 Origin2018 的默认字体是宋体，这样绘制的图的纵横坐标、输入的文本都是宋体。而无论是 SCI 期刊，还是学位论文，大多要求是 Times New Roman 等英文字体。当然，具体投稿的时候也要注意期刊的字体要求。

　　设置方法是：点击菜单"工具"，进入"选项"，或者直接按快捷键 Ctrl+U。在打开的对话框，点击"文本字体"标签，将默认字体设置为 Times New Roman，如有必要，也可将文本工具下的默认字体改为 Times New Roman（图 4-4）。

　　Origin 绘图及分析的主要步骤可归纳为：数据输入或导入→选择数据绘图→图形编辑→图形拟合或数据分析→图形输出。

　　以下简要示范 Origin 的一般操作过程，详细的 Origin 基础知识请参阅 Origin 用户手册或有关书籍。

步骤一　数据输入或导入。

　　手工输入：手工输入数据类似于 Excel 输入数据，用鼠标点击某一单元格，输入数据，回车。

图 4-4

Origin 启动时默认有 N 行 2 列数据。如果数据多于两列，则可将鼠标移到菜单"列"处点击，在其下拉的菜单中选择"添加新列"项，输入要增加的列数，单击"确定"即可。或者在数据窗口（默认 Book1）的右侧空白处单击鼠标右键，左键点击"添加新列"（此操作每次增加一列，图 4-5）。

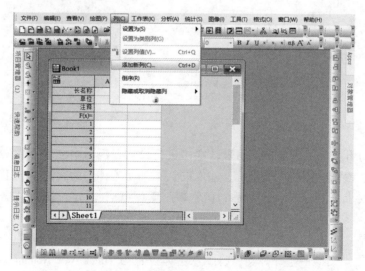

图 4-5

导入已有数据：将鼠标移到菜单"文件"处点击，在其下拉的菜单中选择"导入"项，根据数据类型选择适当的下级选项，按提示完成数据导入（图 4-6）。

步骤二 图形绘制。

用鼠标选择在数据表内的数据，点击"绘图"，在其下拉式菜单中选择图形样式（图 4-7 左），此处选择"点线图"示例；或用窗口下方的快捷工具绘图（图 4-7 右）。

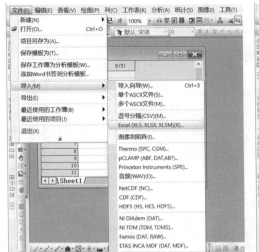
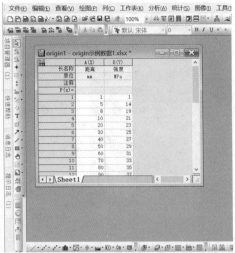

图 4-6

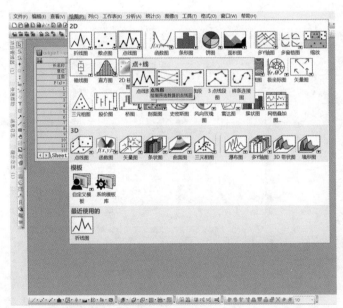
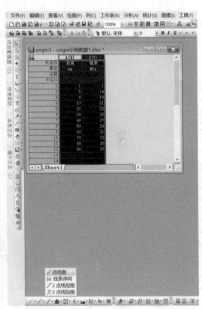

图 4-7

绘制的图形如图 4-8 所示。

　　如果有多列数据需要一次性绘制多条曲线，在选择数据时选择多列，必要时更改列属性为 X 或 Y（选中某列后，点击鼠标右键，在列表中选择"设置为"，根据需要将改列设置为 X 或 Y）。

步骤三　图形编辑。

　　如果在数据输入或导入后在数据表的"长名称"处输入坐标名称，在"单位"处输入单位符号，则绘制的图形将自动加上坐标名称及单位，不需要再行加注（图 4-9）。

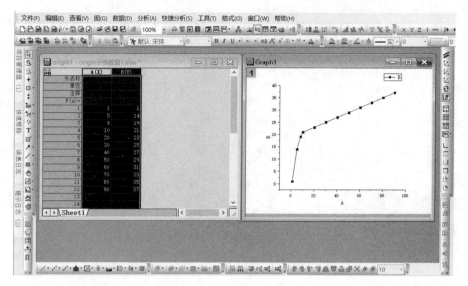

图 4-8

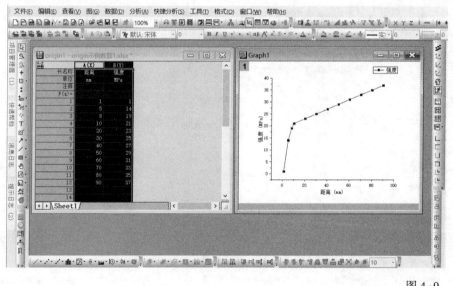

图 4-9

如果"长名称"和"单位"空白，则绘制的图形中的坐标名称和单位缺失。需要进行以下操作。

坐标轴名称及单位修改：将鼠标移到横纵坐标"A"或"B"处，双击鼠标左键进行修改。

注：为了提高效率，并使数据容易辨析，建议在数据表上提前注明数据名称和单位。

如有必要，可将图形进行封闭、修改坐标信息等。修改时鼠标左键双击图上坐标轴，在打开的对话框中进行修改。可按下图加上上轴线及右轴线，并去掉主、次刻度线，也可将左轴线和下轴线主、次刻度修改朝内（图 4-10）。

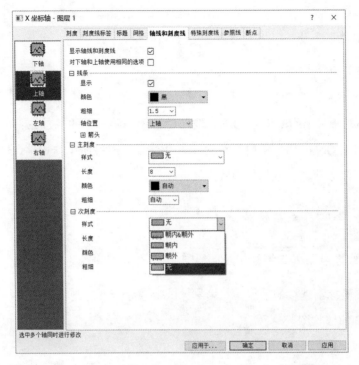

图 4-10

修改后的图形如图 4-11 所示。

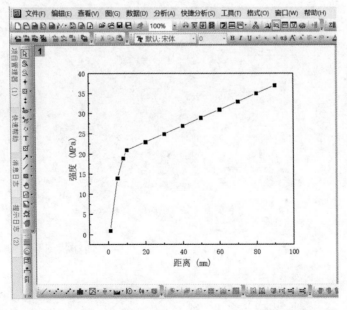

图 4-11

步骤四 图形拟合。

此步骤根据实际需要确定，操作示例参见 4.5.1 节及 4.5.2 节，关于数据拟合的详细操作见 Origin 用户手册及其他相关书籍或文献资料。

步骤五 图形输出。

详细操作见 4.7 节。

关于 Origin 的基本操作，请在 Origin 软件"帮助"菜单下的"Leaning Center"指示下学习，或参阅有关 Origin 用户手册或教程。本书重点介绍科研工作中，Origin 典型图形绘制、数据分析、数据获取、数据发布等方面的技巧。

4.3 典型图绘制

4.3.1 不连续散点图（二维柱状图）绘制

对于一些横坐标不连续的散点，如炉号、试验号等，可绘制柱状图进行分析，以下示例绘制 2 个 Y 轴的柱状图。

步骤一 输入或导入数据（图 4-12）。

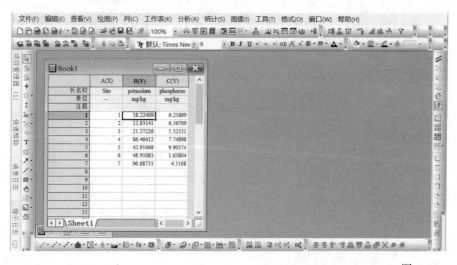

图 4-12

步骤二 点击菜单"绘图"→"多 Y 轴图"→"双 Y 轴柱状图"（图 4-13）。

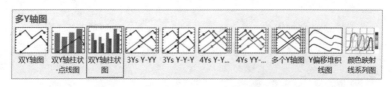

图 4-13

对绘制的图形进行坐标及外观显示修改（如要修改柱形颜色及填充，可双击柱形区域进行修改），修改后的图形如图 4-14 所示。

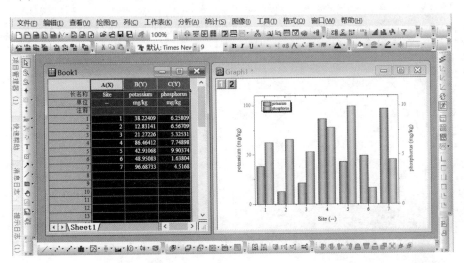

图 4-14

4.3.2　粒度分布图（柱状-点线图）绘制

为了表征物料或矿物等的粒度分布，通常采用激光粒度仪进行粒度检测，检测后的数据绘制各粒度范围的粒度百分含量以及累积含量分布图。绘图过程示例如下。

步骤一　导入数据（图 4-15）。

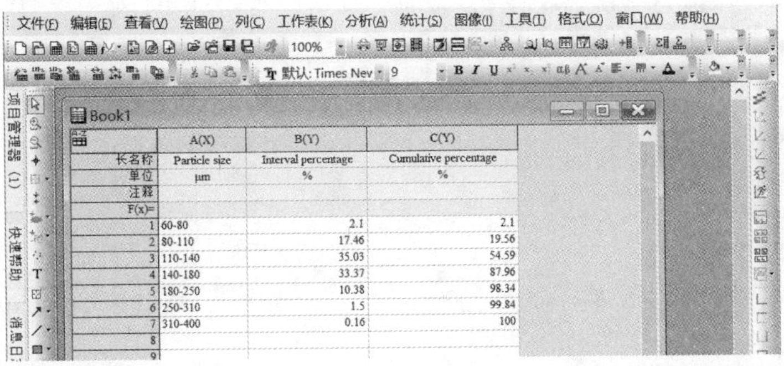

图 4-15

步骤二　选择三列数据后，点击菜单"绘图"→"多 Y 轴图"→"双 Y 轴柱状-点线图"绘图（图 4-16）。

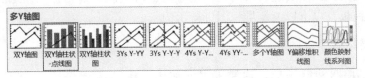

图 4-16

完成的图形如图 4-17 所示。

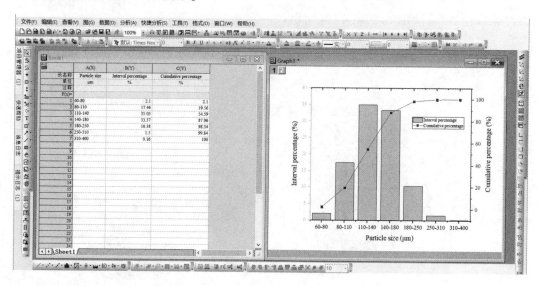

图 4-17

如有需要，可调整坐标值的显示范围、坐标文字及大小、数据标签显示（在需要显示标签的柱状图上点击鼠标右键→绘图细节→标签→启用）等，修改后的图形如图 4-18 所示。

 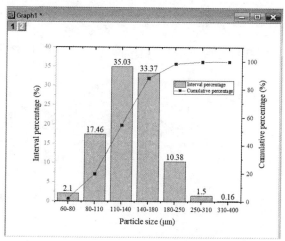

图 4-18

4.3.3　数据对比图（堆积图）绘制

当有多列数据，并需要进行不同数据比较时，可绘制多窗格图。Origin 提供了多种形式的多窗格图模板，以下以绘制堆积图进行示例。

步骤一　导入数据（图 4-19）。

步骤二　选择四列数据后，选择菜单"绘图"→"多窗格图"→"堆积图"绘图（图 4-20）。

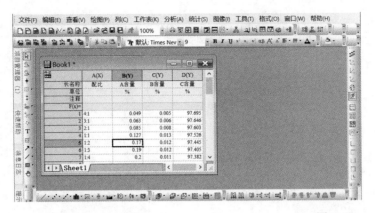

图 4-19

图 4-20

打开的对话框如图 4-21 所示，如有需要，可进行相应的修改并预览效果。

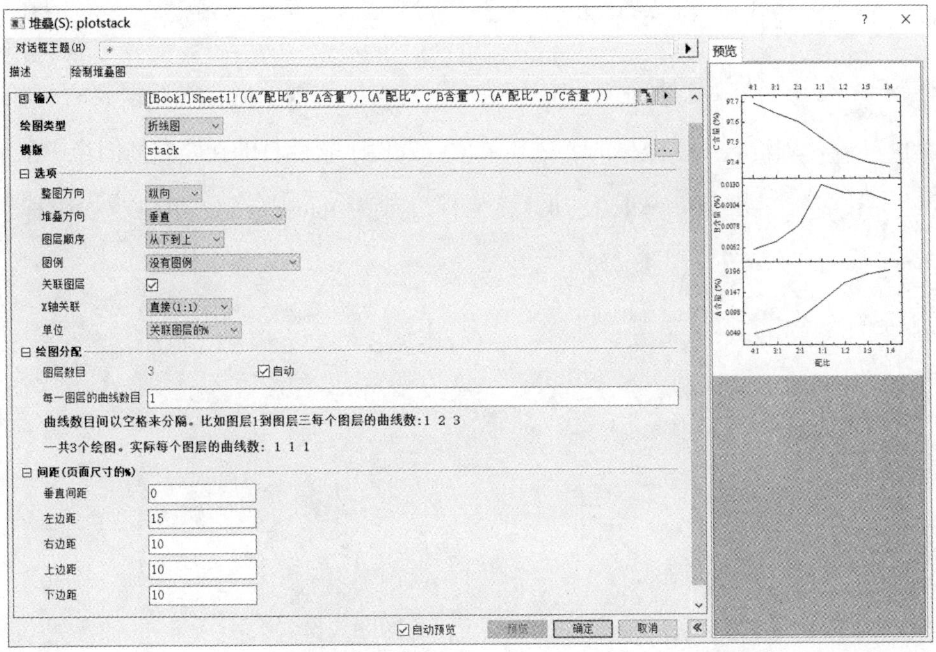

图 4-21

完成的图形如图 4-22 所示，如有需要可对图形进行细节修改。

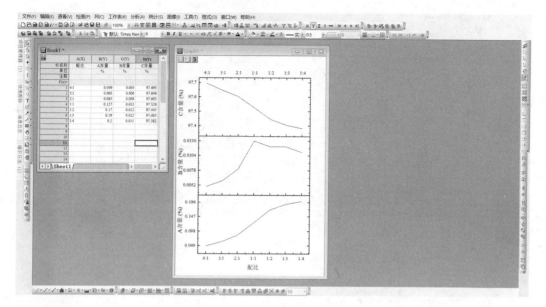

图 4-22

4.3.4 XRD 图（折线图）绘制及平滑

Origin 软件可以对 XRD 数据进行图形绘制、信号平滑处理、结晶度等参数计算，此处简要介绍用 Origin 软件绘制 XRD 图形，并进行曲线平滑处理的基本操作和步骤，对 FTIR 及 Raman 数据的绘制和处理方法相同。

步骤一 打开 Origin 软件，导入 XRD 数据，建议导入数据后，在数据表的"长名称"和"单位"处分别输入纵横坐标的名称和单位，以便于软件自动在绘制的图形中添加坐标和单位。"长名称"横坐标一般为 2θ，纵坐标一般为 Intensity；"单位"横坐标一般为"°"，纵坐标为"a.u."（图 4-23）。

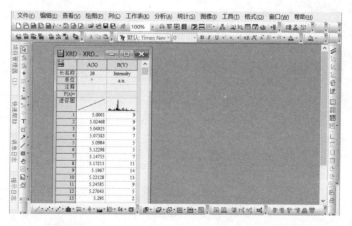

图 4-23

步骤二   选择数据，点击下状态栏中的第一个"折线图"工具，绘制的图形如图 4-24 所示。

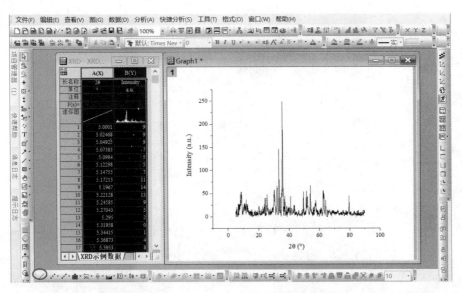

图 4-24

步骤三   对 XRD 图作平滑处理（此步非必要，根据实际确定），依次点击"分析"→"信号处理"→"平滑"，如图 4-25 所示。

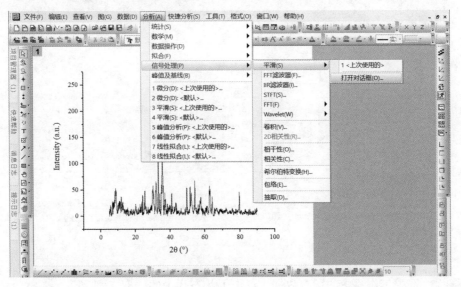

图 4-25

在打开的对话框中，"方法"栏中选择"相邻平均法"或"Savitzky-Golay"，两种平滑处理的效果有所差异，可根据实际多次尝试，以平滑效果和数据不失真为原则。"Savitzky-Golay"相对"相邻平均法"，在相同的窗口点数时，失真较小。"窗口点数"值越大，图形失真的可能越大。

以下以"相邻平均法"，窗口点数 10 为例，完成相关平滑处理设置后点击"确定"（图 4-26）。

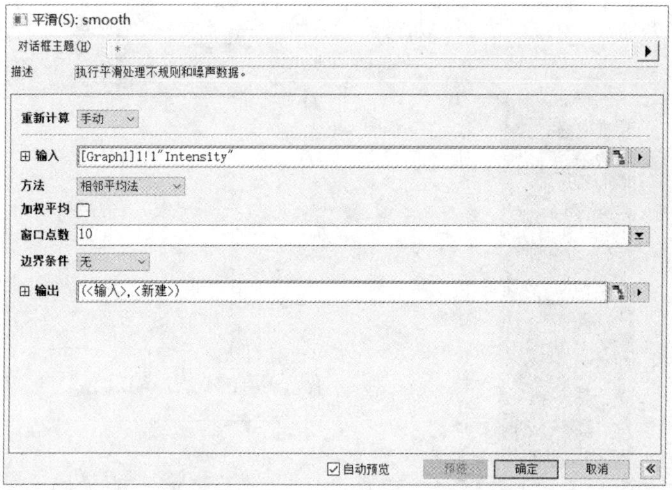

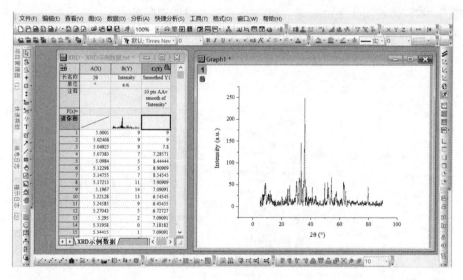

图 4-26

得到的图形及数据如图 4-27 所示。

图 4-27

步骤四 选中工作簿中的所有数据，点击下状态栏中的"双 Y 轴图"→"Y 偏移堆积线图"进行图形绘制，可以看到平滑前后的曲线对比（图 4-28）。

步骤五 如果平滑曲线适宜（如果平滑效果不理想，返回步骤三多次尝试），可在平滑列数据表中增加"长名称"及"单位"信息，然后选择横坐标及平滑数据列，绘制平滑后的 XRD 曲线（图 4-29）。

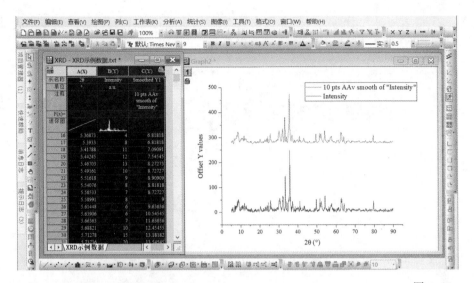

图 4-28

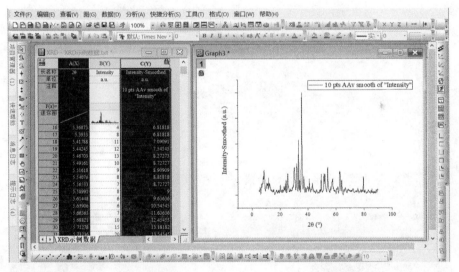

图 4-29

4.3.5 三维曲面及瀑布图绘制

三维图类型丰富，为节约篇幅，不能一一列举，详细的三维图请参阅 Origin 用户手册或其他有关数据资料。以下示例三维曲面图和三维瀑布图的绘制步骤。

4.3.5.1 三维曲面图绘制

当有三个变量，想了解每两个变量之间的关系时，绘制三维曲面图是一种有效的策略，绘制此图时，需要至少 3 列数据，分别设置为 X、Y、Z。

绘图基本操作包括：输入或导入数据→设置数据为 X、Y、Z→进行三维图绘制→图形细节设置。

以下简要进行示例。

步骤一 输入或导入数据，并设置数据为 X、Y、Z（选中某列后，点击鼠标右键，在列表中选择"设置为"，根据需要将该列设置为 X、Y 或 Z，图 4-30）。

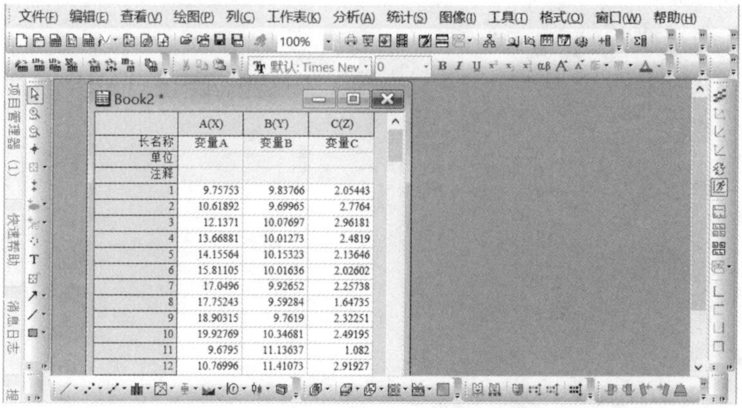

图 4-30

步骤二 选择三列数据，打开菜单"绘图"→3D"曲面图"→选择需要的曲面图类型（此处以选择"3D 颜色映射曲面"为例，图 4-31）。

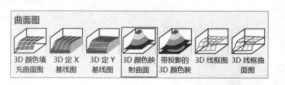

图 4-31

生成的图形如图 4-32 所示。如有必要，可修改图形详细信息。

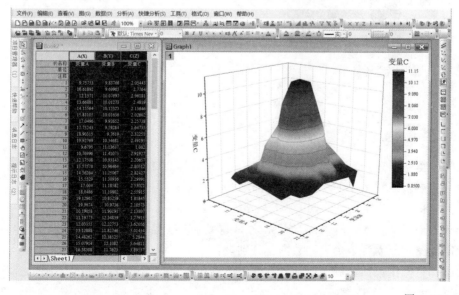

图 4-32

4.3.5.2　三维瀑布图绘制

当有多组 XRD 数据时，除了绘制二维平面图进行对比分析外，也可绘制三维瀑布图进行比较，绘制此图时，可将数据设置为 XYY 格式，或者 XYXYXY 格式。

绘图基本操作包括：输入或导入数据→设置数据为 XYY 格式或 XYXYXY 格式→进行三维图绘制→图形细节设置。

以下简要进行示例。

步骤一　输入或导入数据，并设置数据格式（图中为 6 组 XRD 数据，设置为 XYXYXY 格式，图 4-33）。

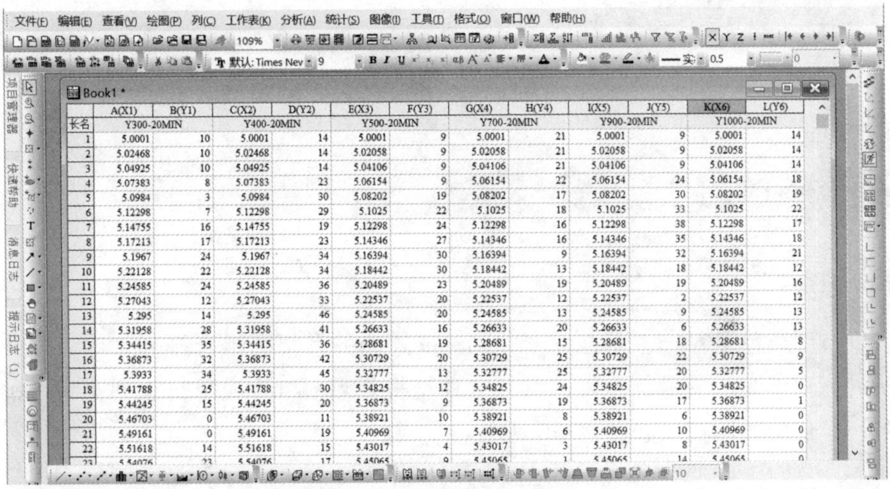

图 4-33

步骤二　选择所有 12 列数据，打开菜单"绘图"→3D"瀑布图"→选择需要的瀑布图类型（此处以选择"Y 数据颜色映射 3D 瀑布图"为例，图 4-34）。

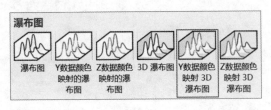

图 4-34

生成的图形修改坐标信息后如图 4-35 所示。

其他类型的三维图可参考以上步骤，或按 Origin 用户手册，或根据 Learning Center 的演示进行绘制。

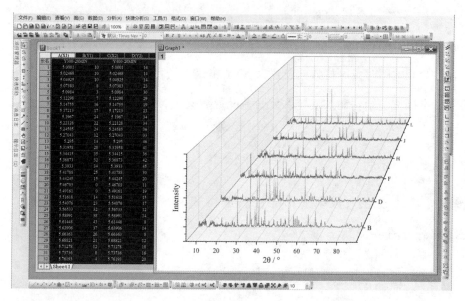

图 4-35

4.4　多图合并及个人模板制作

4.4.1　多图合并

为了进行图形信息对比，可能需要将 Origin 绘制的多幅图组合排列，以下以 4 幅图的合并为例进行功能演示。示例包含两种，一种是将 4 幅图组合成 2 行 2 列，另一种是组合成 4 行 1 列。初始的四幅图如图 4-36 所示。

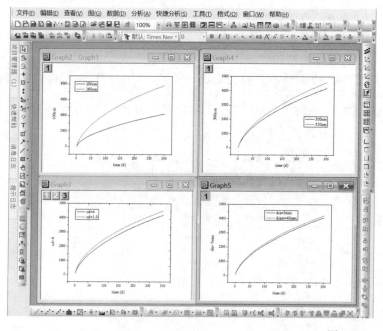

图 4-36

　　组合成 2 行 2 列的操作如下：选择菜单"图"→"合并图表"，打开的对话框如下，进行必要的修改（如右侧预览的图的顺序不正确，请在"合并"后的下拉框选择"指定"后进行调整，图 4-37）。

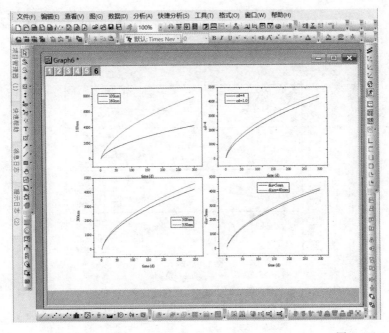

图 4-37

　　合并后的图形如图 4-38 所示。

图 4-38

　　组合成 4 行 1 列的操作如下：选择菜单"图"→"合并图表"，打开的对话框如下，进行必要的修改，设置 4 行 1 列，并且将垂直间距调整为 0（图 4-39）。

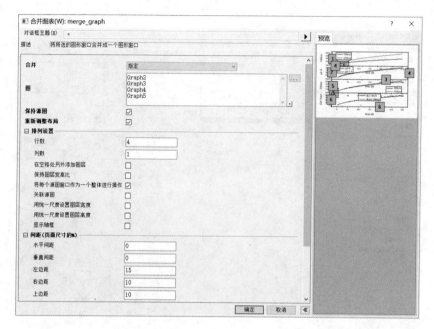

图 4-39

　　合并后的图形，删除多余的横坐标，调整标记位置等信息后如图 4-40 所示。

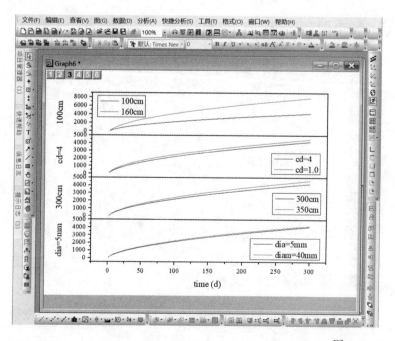

图 4-40

4.4.2　模板制作

在 Origin 软件中，系统提供了相应的模板，但这些模板不一定能完全满足实际使用需要，如一般都要求图形全封闭、轴线刻度朝内等，如果每次绘好图后都进行修改，则费时费力。Origin 软件允许使用者自建符合自己使用习惯和要求的模板，在以后使用中调用自设模板，则可起到事半功倍的效果。

模板的制作步骤主要包括：先按前述绘图的一般步骤绘制图形，修改坐标轴线、图形封闭、字体大小、线型颜色等后，删除数据表中的数据，将其存为模板，以后绘制类似的图时调用该模板，则在导入数据后会自动生成图形。

此处以制作点线图绘制模板为例进行演示，其他各种类型的模板读者可举一反三。

步骤一　输入或导入数据，绘制点线图如图 4-41 所示。

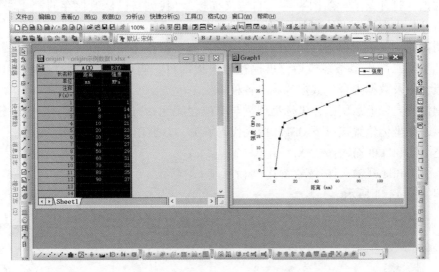

图 4-41

步骤二　修改图形信息（如坐标字体类型及大小、轴线刻度方向、是否封闭、线型及颜色、数据块的类型及大小等），修改后的图形如图 4-42 所示。

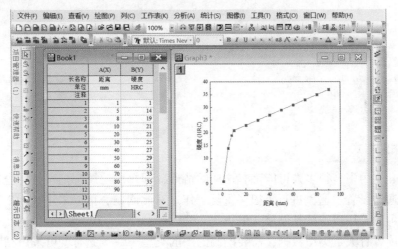

图 4-42

步骤三 打开菜单"文件"→"保存模板为"→更改模板名及位置（图4-43）。

保存图形/工作簿/矩阵窗口作为模板

类别	UserDefined
模板名	点线图模板
模板描述	
文件路径	C:\Users\lxm\Desktop\ ...

确定　取消

图 4-43

模板的使用方法：以后需要绘制点线图时，在输入或导入数据后，选择两列数据，打开菜单"绘图"→"自定义模板"，找到自己修改保存的模板，打开，则图形自动绘制并且套用好格式。

说明：此例模板为单条点线图的模板制作，如要制作多线条模板，在步骤一和步骤二制作多条线段后，再保存为模板即可。同理，还可制作绘制 XRD 单线、多线模板，以及数据拟合、数据计算等各种模板。

特别说明：以上示例中，坐标物理量与单位之间用括号分割，如要用"/"分割，请在绘图时，在坐标位置按以下 Origin 指代代码解决，分别在

X 坐标轴 title 框输入：%(?X,@l)/%(?X,@lu)

Y 坐标轴 title 框输入：%(?Y,@l)/%(?Y,@lu)

示例如图 4-44 所示。

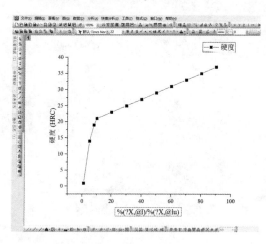
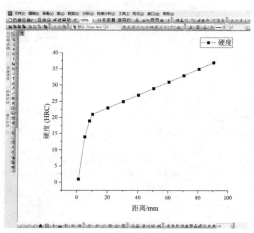

图 4-44

4.4.3　粘贴格式

在 Origin 使用中，很多人可能都有这样的情形，即每次绘图都把字体、坐标轴、轴线和刻度线等通通设置一遍，进行了很多重复工作。对此问题，可以采用 4.4.2 节制作模板来解决，也可以采用以下的粘贴格式解决。

例如，读者有大量类似数据，需要绘制的图的类型一致，此时就可采用粘贴格式快速

绘图。以下例子中有四组 XRD 数据，示例如何通过绘制好的一幅图粘贴格式，自动将其余的图格式化。

步骤一　先绘制好一幅图，并设置坐标、文字、格式等（图 4-45）。

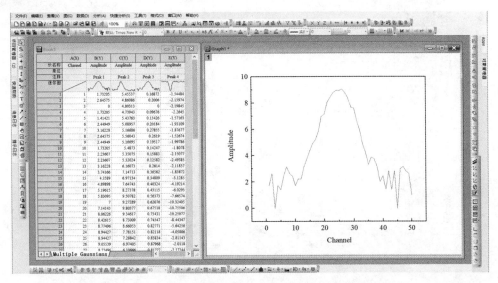

图 4-45

步骤二　绘制其余数据图，完成的四幅图如图 4-46 所示。

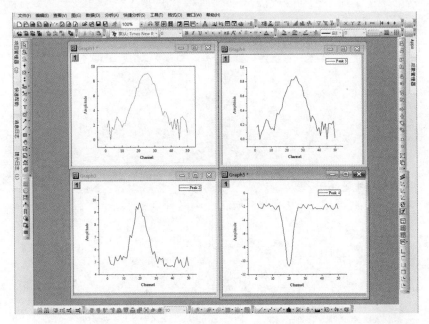

图 4-46

步骤三　在调整好格式的左上角第一幅图上右键单击，依次选择"复制格式"→"所有"，然后在要复制格式的图的页面上鼠标右键单击，点击粘贴格式，这样就瞬间设置好这张图的格式，此操作类似 Office 中的格式刷（图 4-47）。

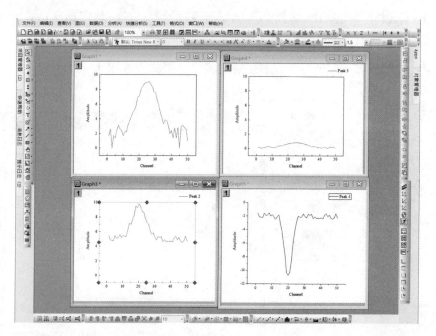

图 4-47

　　如果发现格式化后的图的坐标显示异常，可在调整好格式的左上角第一幅图上右键单击，依次选择"复制格式"→"所有样式格式"，然后在要套用格式的图的页面上鼠标右键单击，点击粘贴格式，这样粘贴的格式不调整坐标范围（图 4-48）。

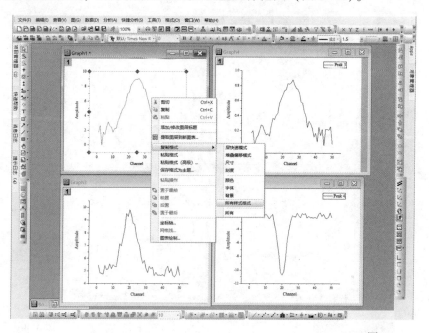

图 4-48

完成的效果如图 4-49 所示。

如果有必要，还可以将设置好格式的图片保存为"主题"，采用该主题作图就直接生

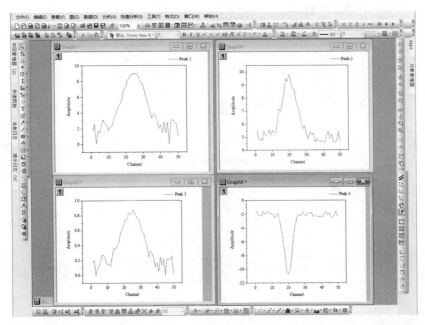

图 4-49

成默认样式。

　　设置主题的方法是：在一个设置好格式的图片页面内点击鼠标右键，点击保存格式为主题，在弹出的对话框按下图设置。注意：建议勾选"所有格式"，而如果勾选"所有"，有可能出现图片中找不到数据的情况（图 4-50）。

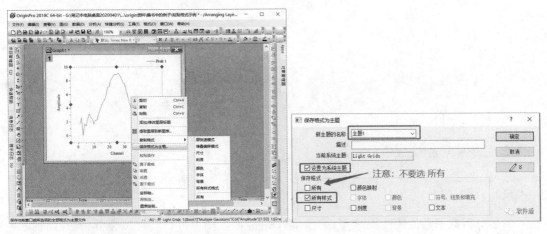

图 4-50

　　以后就可以使用创建的主题进行快速绘图。假定以上设置的主题名称为"XRD 线图主题"，以下示例用法。

　　首先选择数据绘图，接着依次选择菜单"工具"→"主题管理器"，在打开的对话框中选择"XRD 线图主题"，点击立即应用，则图形就会自动套用格式（图 4-51）。

　　完成的图形如图 4-52 所示。

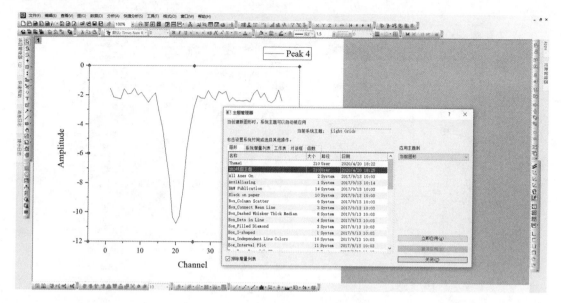

图 4-51

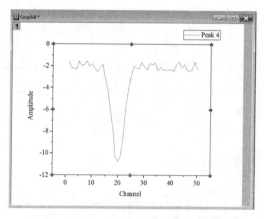

图 4-52

4.5　数据拟合及分析

4.5.1　线性拟合

为了分析数据点的线性规律，对绘制的 Origin 散点图可进行线性拟合分析。线性拟合的步骤为：绘制散点图→进行线性拟合→获得拟合数据进行后续处理。

以下示例说明线性拟合的主要步骤，关于线性拟合的详细知识请参阅 Origin 用户手册或有关数据分析方面的书籍资料。

步骤一 绘制散点图（图 4-53）。

步骤二 点击绘制好的图形标题栏（确认图形是当前活动窗口），选择菜单"分析"→"拟合"→"线性拟合"→"打开对话框"（图 4-54）。

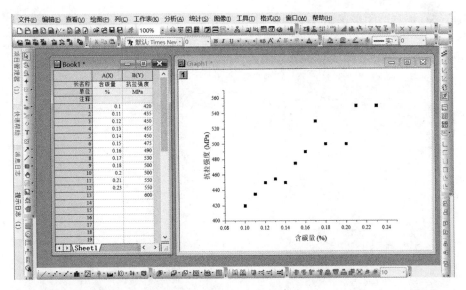

图 4-53

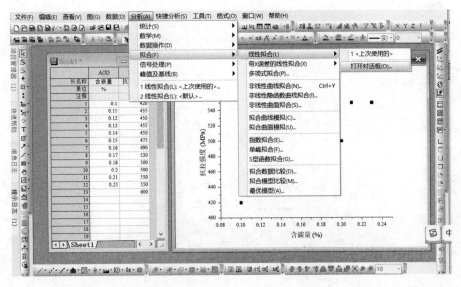

图 4-54

如果只需要简要的线性拟合数据，可在打开的线性拟合对话框直接点击"确定"按钮，用软件的默认设置（图 4-55）。

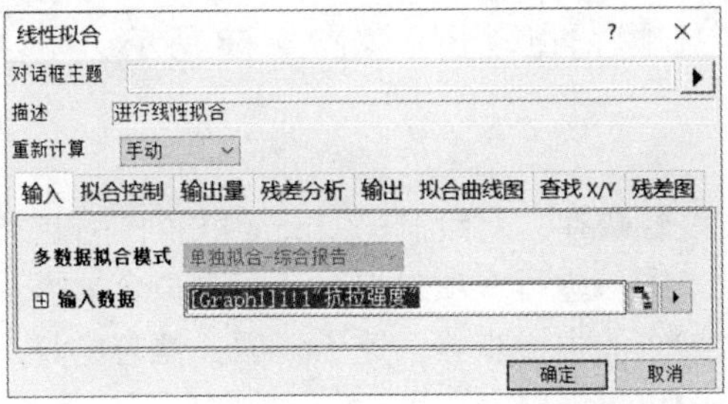

图 4-55

默认设置拟合的图形及报告单如下图所示，从中可以获得线性拟合方程及统计分析数据（图 4-56）。

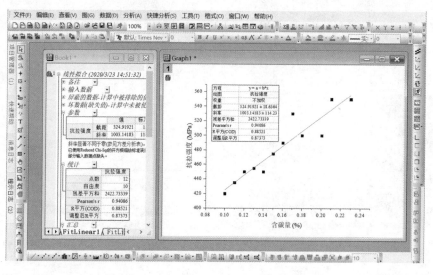

图 4-56

如果需要获得置信带及预测带，可在线性拟合对话框中，选择"拟合曲线图"标签下面的"置信带"及"预测带"选项（图 4-57）。

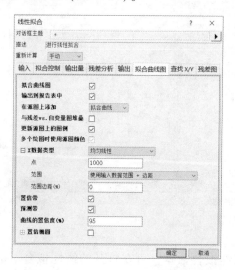

图 4-57

选择置信带及预测带选项后的拟合图形如图 4-58 所示。

4.5.2　多项式拟合

当数据点明显不符合线性规律，对绘制的 Origin 散点图可进行多项式拟合分析。多项式拟合的步骤为：绘制散点图→进行多项式拟合→获得拟合数据进行后续处理。

以下示例说明多项式拟合的主要步骤，关于多项式拟合的详细知识请参阅 Origin 用户手册或有关数据分析方面的书籍资料。

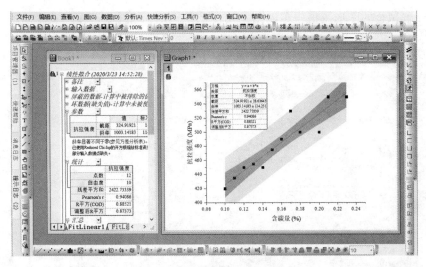

图 4-58

步骤一　绘制散点图（图 4-59）。

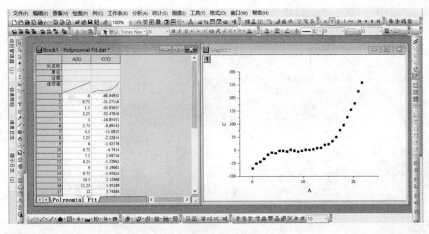

图 4-59

步骤二　点击绘制好的图形标题栏（确认图形是当前活动窗口），选择菜单"分析"→"拟合"→"多项式拟合"→"打开对话框"。在"多项式阶"选择 3（实际选择几阶，需根据数据点的特征选择，进行多次尝试），点击"确定"按钮，其他设置用软件默认（图 4-60）。

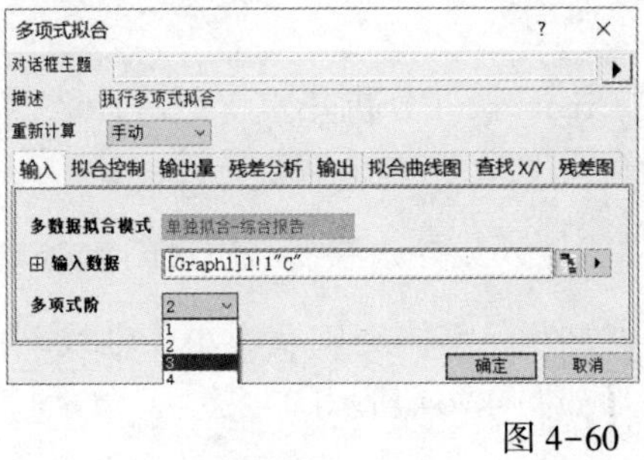

图 4-60

默认设置拟合的图形及报告单如图 4-61 所示，从中可以获得多项式拟合方程及统计分析数据。

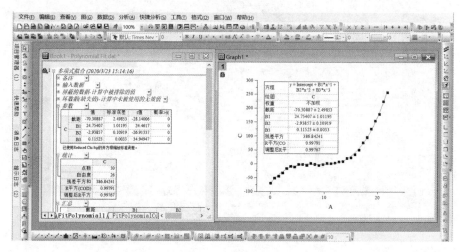

图 4-61

如果需要获得置信带及预测带，可在多项式拟合对话框，选择"拟合曲线图"标签下面的"置信带"及"预测带"选项。选择置信带及预测带选项后的拟合图形如图 4-62 所示。

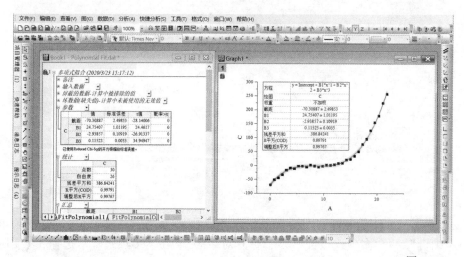

图 4-62

4.5.3　热重数据分析

以下示例说明如何使用 Origin 软件分析热重（TGA）数据，关于 TGA 的详细知识请读者参阅 Origin 用户手册或有关 TGA 方面的书籍资料。

步骤一　打开 Origin 软件，输入或导入温度与质量的数据并绘制折线图（图 4-63）。

步骤二　修改图形信息（如坐标字体类型及大小、轴线刻度方向、是否封闭、线型/粗细/颜色等），修改后的图形如图 4-64 所示。

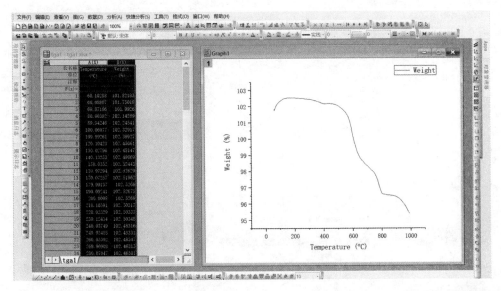

图 4-63

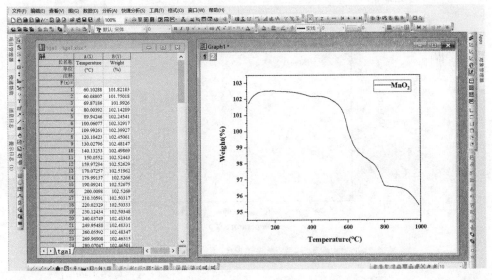

图 4-64

步骤三 标记出曲线每一部分的质量损失。

使用"直线工具"在每一部分最高点与最低点画直线,将画的直线用短点线及其他颜色表示(图 4-65)。

使用"屏幕位置读取"分别读取每一部分上虚线与下虚线的 Y 轴坐标,利用电脑自带的计算器功能,计算差值,并标记在曲线上(图 4-66)。

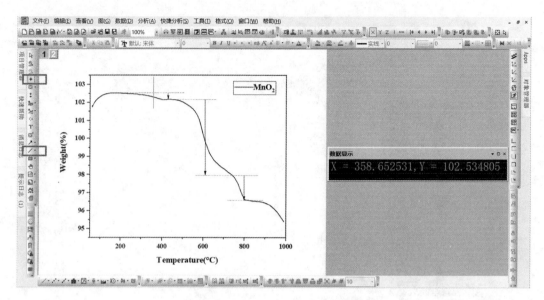

图 4-65

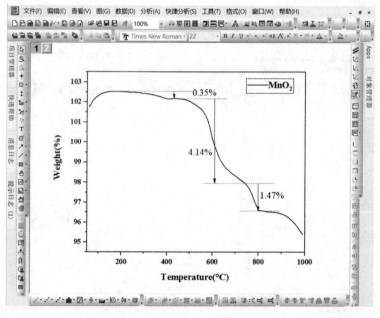

图 4-66

步骤四 计算 TGA 曲线的一阶导数。

选中曲线，依次点击"分析"→"数学"→"微分"→"打开对话框"，如图 4-67 所示。

在对话框中根据需要选择导数的阶，设置好后点击确定。计算得到的微分数据将出现在数据表格中（图 4-68）。

步骤五 绘制 DTG 曲线并对其进行平滑处理。

选择温度与微分数据，并绘制折线图（图 4-69）。

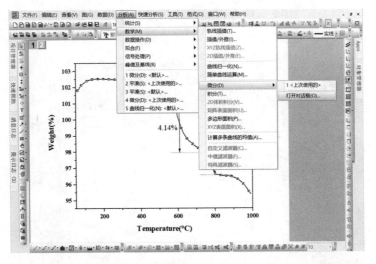

图 4-67

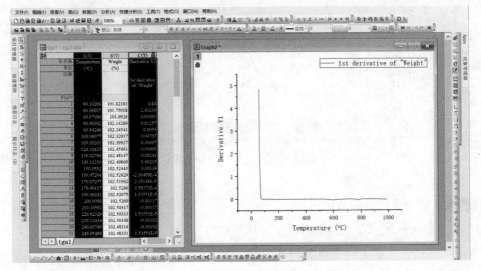

图 4-68

图 4-69

为了更好地研究 DTG 曲线，从中得到有效信息。使用"放大"对曲线进行局部放大处理（图4-70）。

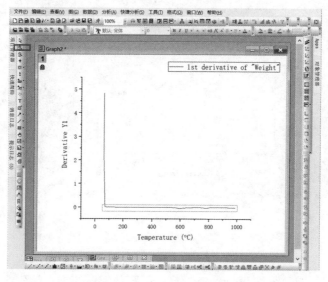

图 4-70

依次点击"分析"→"信号处理"→"平滑"→"打开对话框"。对放大后的图形进行平滑处理（图4-71）。

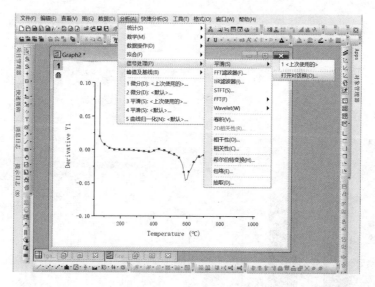

图 4-71

步骤六 绘制平滑后的 DTG 图形。

选择 A 列与 D 列数据，绘制折线图（图4-72）。

修改图形信息（如坐标字体类型及大小、轴线刻度方向、是否封闭、线型/粗细/颜色等），对新作图形选择合适的坐标范围，修改后的图形如图4-73所示。

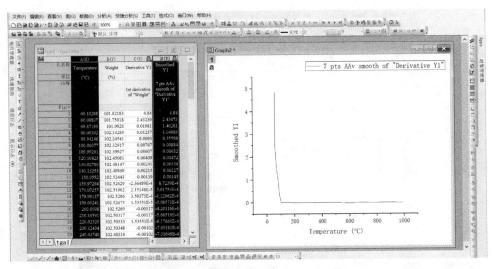

图 4-72

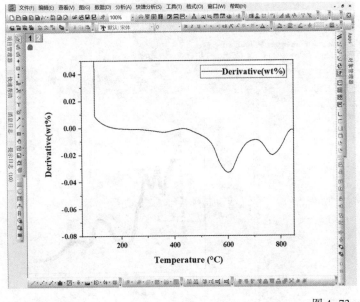

图 4-73

步骤七 标记每个部分发生的反应（图 4-74）。

注：在 TGA 曲线中不能看出一个现象（相变、结晶）出现的确切温度，而在 DTG 曲线中则可以清楚地看到每个现象吸放热峰的确切温度值。

4.5.4 Raman/XPS/PL 图谱多峰拟合

以下示例说明 Raman 数据多峰拟合的主要步骤和关键点，对 XPS 及 PL 图谱多峰拟合方法相同，不再赘述。关于多峰拟合的详细知识请参阅 Origin 用户手册或有关数据分析方面的书籍资料。

步骤一 导入数据，绘制点线图（图 4-75）。

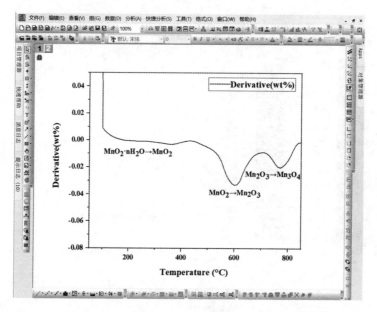

图 4-74

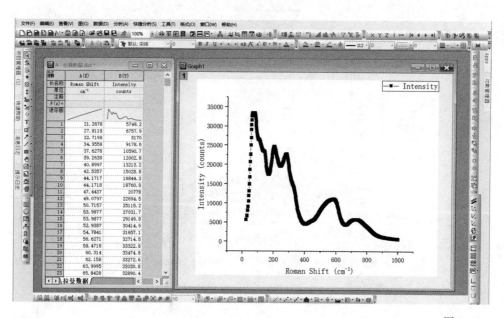

图 4-75

步骤二 如有必要，更改数据符号及坐标起始值，使图更为清晰。然后选择菜单"分析"→"峰值及基线"→"多峰拟合"（图 4-76）。

步骤三 在打开的对话框中，峰函数选择 Lorentz。说明：一般拟合常选择的峰函数有 Lorentz、Gaussian、Voigt，其中 Lorentz 在峰数量分散、峰值较低顶部相对平滑，并且峰彼此重叠时拟合效果好，拉曼曲线一般用该函数拟合较好。Gaussian 适用于峰较尖较陡。Voigt 适宜于峰形状介于 Lorentz 和 Gaussian 之间（图 4-77）。

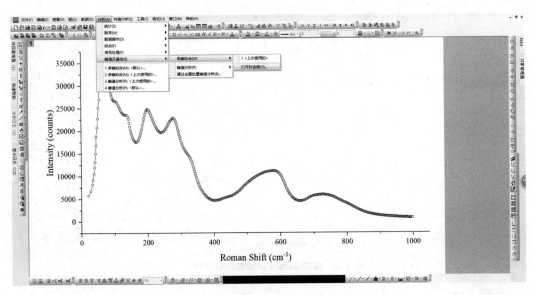

图 4-76

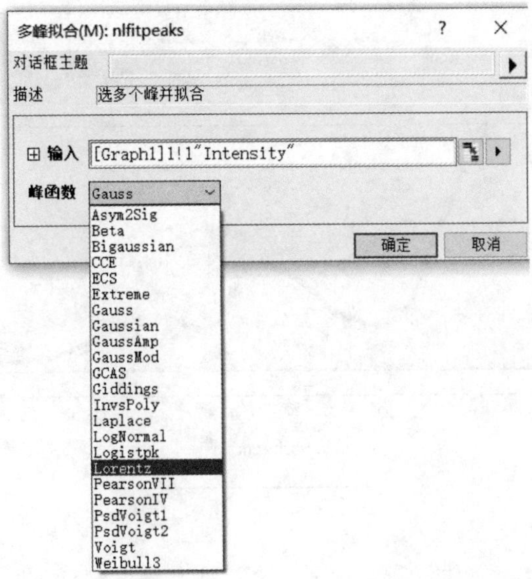

图 4-77

步骤四 选择峰并在峰位置双击。选择峰时尽量准确，如果选择位置不当，重新进行选择。对于峰的位置，需要放大原曲线仔细甄别，多次尝试，直至峰拟合良好。大多数情况下，对 Raman 曲线，Lorentz 拟合会很好，但如果拟合不理想，则应尝试用 Gaussian 拟合（图 4-78）。

步骤五 单击上图浮动框中的"拟合"，会出现如图 4-79 所示的拟合数据表及图。

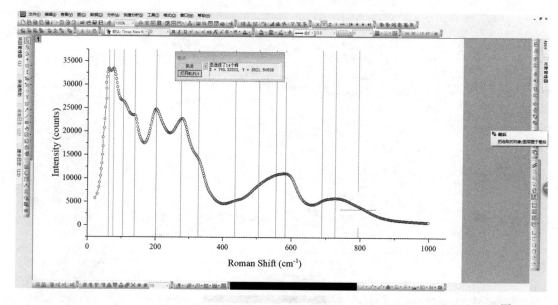

图4-78

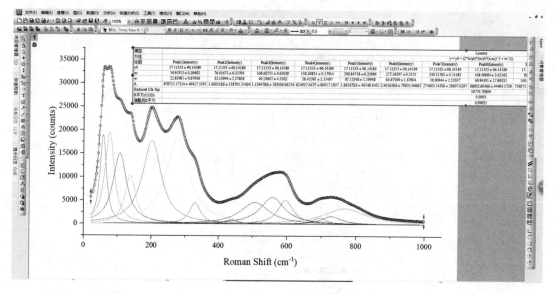

图4-79

步骤六 调整图线形状、颜色、宽度等，并进行适当标记。完成后的图如图4-80所示。

4.5.5 XRD 数据结晶度计算

以下示例说明采用 XRD 数据计算结晶度的主要步骤，关于结晶度的详细知识请参阅 Origin 用户手册或有关数据分析方面的书籍资料。

步骤一 导入数据，绘制折线图（图4-81）。

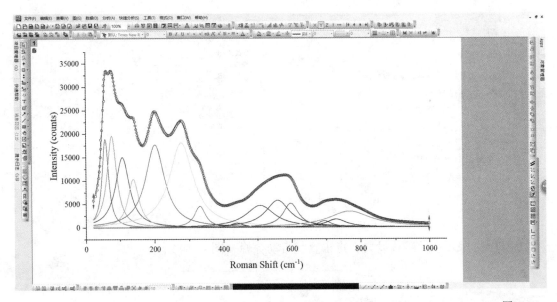

图 4-80

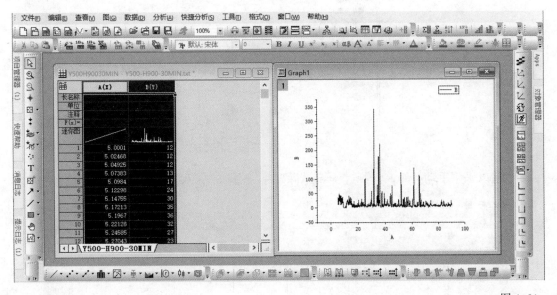

图 4-81

步骤二 点击绘制好的图形，选择菜单"分析"→"峰值及基线"→"峰值分析"→"打开对话框"。"重新计算"选择手动，"目标"选择对峰进行积分，并点击下一步（图 4-82）。

步骤三 在新打开的对话框中，选择"自定义"，并根据数据输入自己的基线值。基线的选择应尽量与曲线两边都相切，设置后点击"下一步"（图 4-83）。

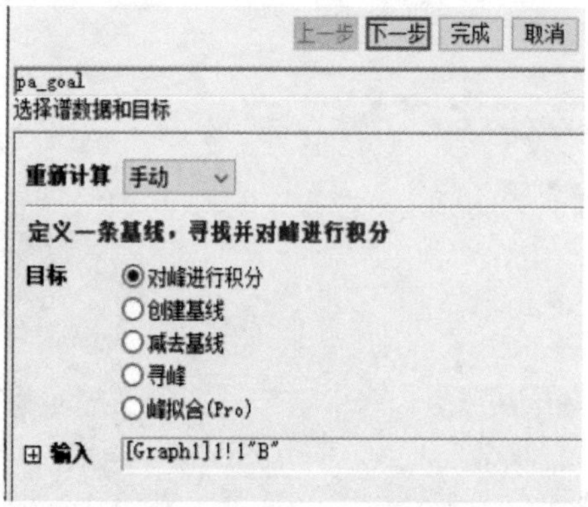

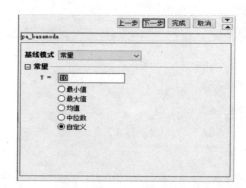

图 4-82   图 4-83

步骤四 采用软件默认设置，点击查找自动寻峰（图 4-84）。

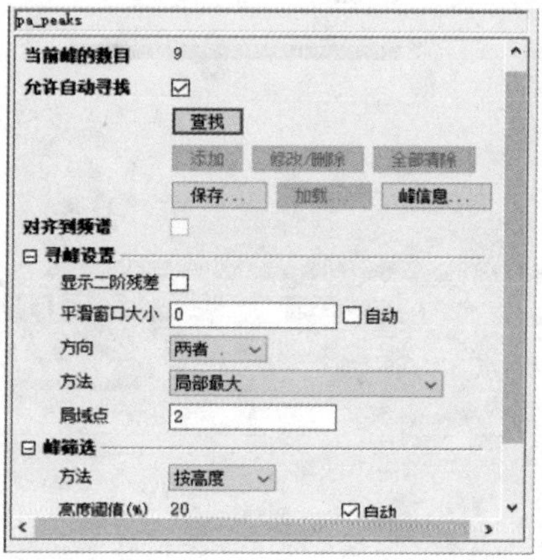

图 4-84

也可以采用手动寻峰。选择"全部清除"→"添加"，双击便可添加此峰（图4-85）。

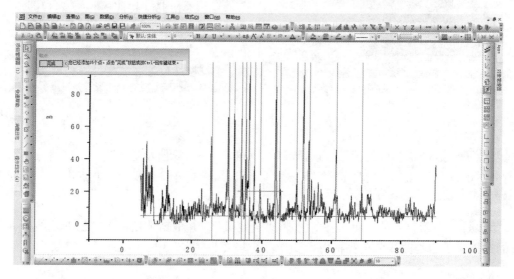

图 4-85

步骤五 方向选择"正",积分窗口宽度选择"在预览图上调整"(图 4-86)。

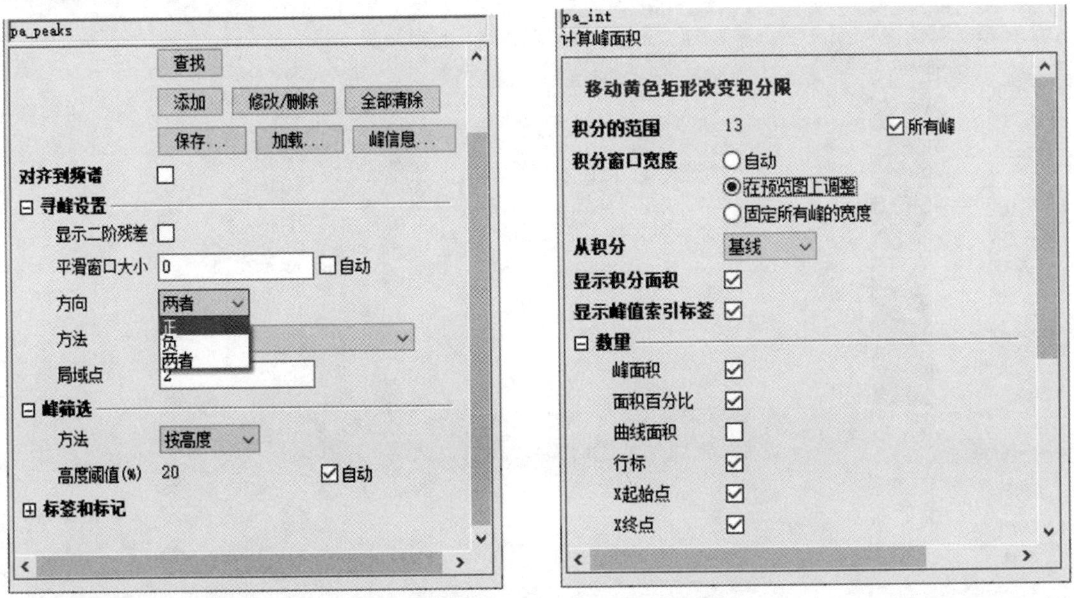

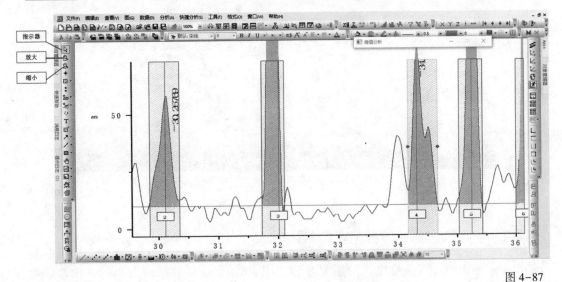

图 4-86

步骤六 利用"指示器""放大"以及"缩小"来调整峰的面积(图 4-87)。

图 4-87

步骤七 打开数据表格,选择第二列,在软件的下方会有求和数据(或复制第二列至 Excel 表格并求和),即是结晶峰的区域(此例为 254.93,图 4-88)。

步骤八 重复上述操作并采用自动寻峰,求出总值(图 4-89)。

步骤九 求出结晶度。

结晶度=(求和值/Area) * 100=(254. 93/733. 16) * 100=34. 77%

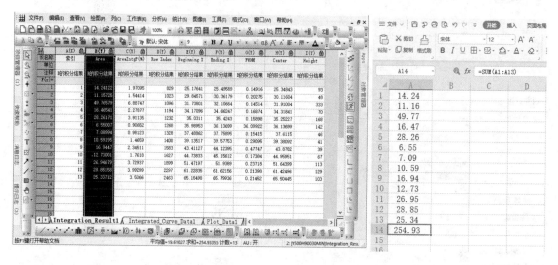

图 4-88

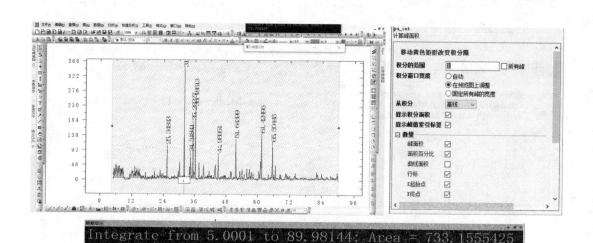

图 4-89

4.5.6　XRD 数据晶粒尺寸和半峰宽计算

以下示例说明计算晶粒尺寸的主要步骤。用 XRD 数据计算晶粒大小的一般步骤为：先对衍射峰进行校正处理，包括平滑、扣背底、K2 线扣除、仪器变宽扣除等；然后提取衍射峰的宽度数据（可以是半高宽，也可是积分宽）；接下来进行单位转换，把衍射峰宽度的单位转换为弧度；最后代入 Scherrer 公式计算晶粒大小。如一个相有很多衍射峰，可以取不同的衍射峰，这样计算的是垂直于所选晶面晶向上的粒径。关于晶粒尺寸的详细知识请参阅 Origin 用户手册或有关数据分析方面的书籍资料。

步骤一　导入数据，绘制折线图（图 4-90）。

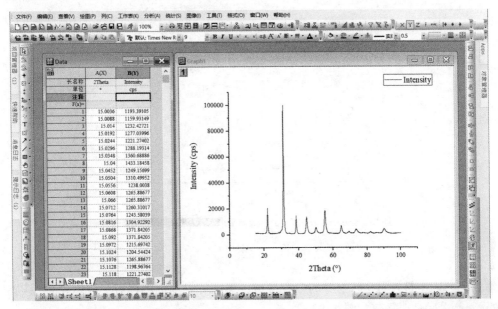

图 4-90

步骤二　调整坐标范围使图显示更清晰（如有必要），然后点击绘制好的图形，选择菜单"快捷分析"→"快速拟合"→"Lorentz"。说明：一般 Lorentz 拟合的效果较好，如果拟合效果不好，请尝试 Gauss 拟合（图 4-91）。

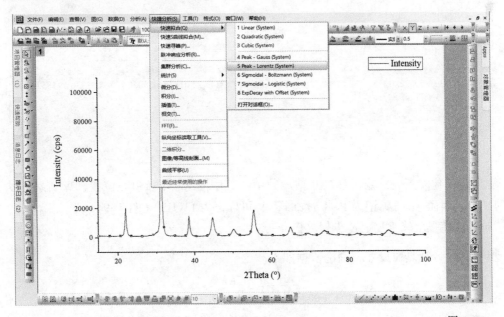

图 4-91

步骤三　利用"放大""缩小"工具逐个放大峰观察拟合程度，并左右拉动矩形框，调整峰宽，使拟合效果更好（图 4-92）。

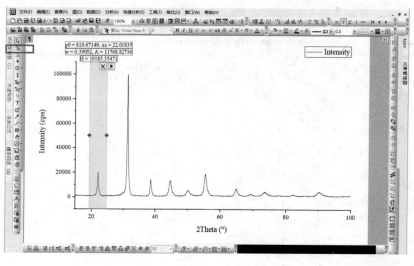

图 4-92

步骤四　双击打开每个峰上部的拟合参数，删掉等号前面的内容，仅保留值，以单个空格分隔；之后全选复制（图 4-93）。

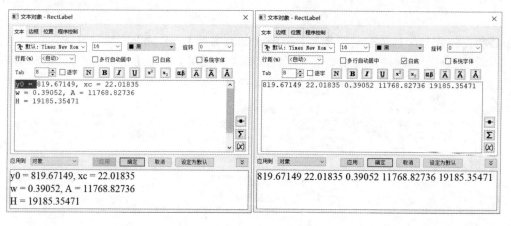

图 4-93

步骤五　建立新表，输入参数并粘贴数值。其中的 Xc 即峰中心位置，W 即峰最大宽度的一半，因而 Xc 可标记为 Peak center，W 可标记为 FWHM（图 4-94）。

对其他高强度峰重复上述步骤（图 4-95）。

步骤六　计算晶粒尺寸，理论依据如下。

$$\mathrm{FWHM} = \frac{K\lambda}{L\cos\theta}$$

式中，FWHM 为最大宽度一半，rad；L 为晶粒尺寸；θ 为峰值位置角度（$2\theta/2$），rad；K 为常数，一般取值在 0.89～1.39，球形晶粒一般选择 0.94；λ 为 X 射线波长，可取为 1.54178Å（1Å=0.1nm）。在 Origin 中新建一个工作表，并将长名称按如图 4-96 所示输入。

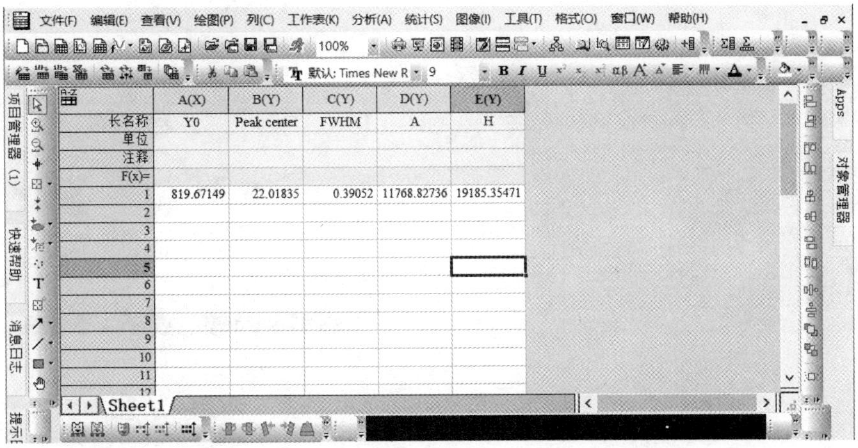

图 4-94

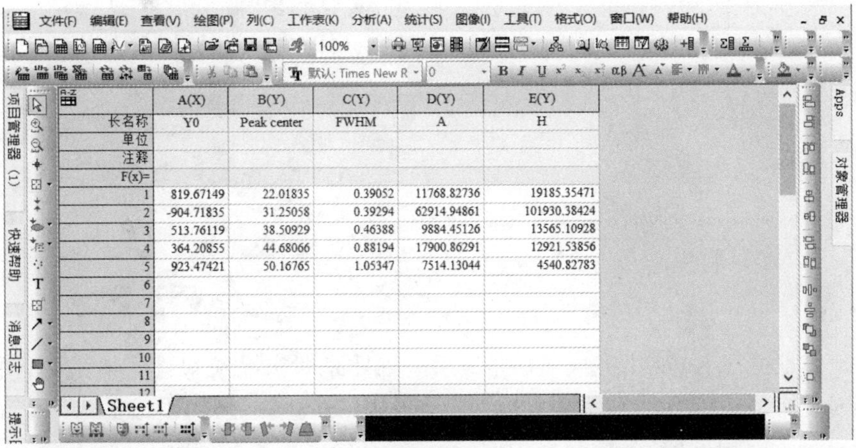

图 4-95

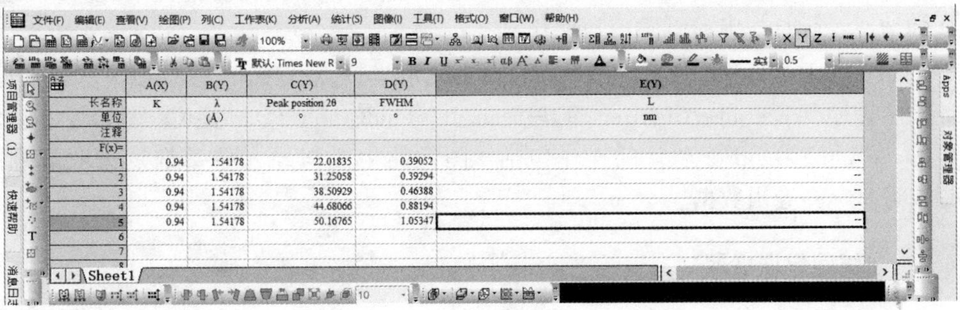

图 4-96

表中第 1 列和第 2 列数据按如图 4-97 所示输入，第 3 列及第 4 列复制自前一个表格的第 2 列和第 3 列，第 5 列位置处在列名 E（Y）处点击鼠标右键，选择"设置列值"，打开以下设置框，输入公式（Col（"K"）* Col（"λ"））/radians（Col（"FWHM"））/cos （radians（Col（"Peak position 2θ"）/2））/10（图4-98）。

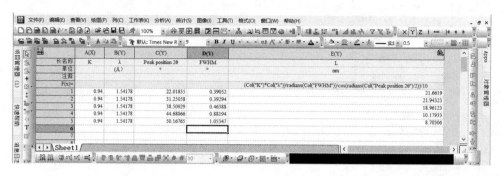

图4-97

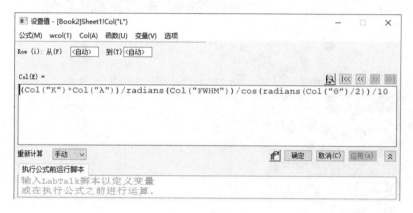

图4-98

上述工作也可在Excel中完成。L即最后一列便是所求晶粒尺寸。最后两行数据可忽略，其原因可能是，XRD曲线不是单峰，密集的多峰产生误差。

4.6　数据提取

在科研工作中，有时会有数据丢失只有数据图在，或者试验数据想和出版物中的图进行对比的情况，此时就需要将图形数据化。

GetData Graph Digitizer是将图形数字化得到图形坐标点，输出需要格式数据的典型软件。此类软件还有Engauge Digitizer、Un-Scan-It、FindGraph、DigitizeXY等。

GetData Graph Digitizer软件的操作包括：图像的生成与导入→基准点与取值范围确定→提取点坐标→导出数据。

4.6.1　点线图数据提取

步骤一　图像的生成与导入。

图像生成：文献中图片截图保存（支持的图像格式tif、jpeg、pcx、bmp），可用pdf软件自带工具、QQ截图快捷键Alt+Ctrl+A、各种浏览器的截图小工具等。

图像导入：打开软件，打开"文件"菜单，选择打开图片，将需要的图片导入（图4-99）。

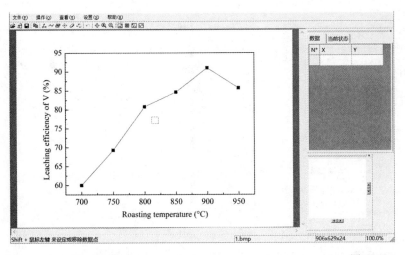

图 4-99

步骤二 基准点与取值范围确定。

默认选定：点击"默认轴"，也即默认图片左下角为原点（不一定是真实的坐标原点），一般按如图 4-100 所示方法手工设定坐标原点及各轴的取值范围。

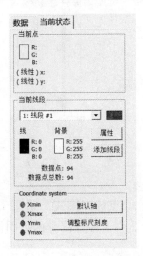

图 4-100

手工设定：选取如图 4-101 所示工具栏，设置坐标原点、横坐标及纵坐标的起始位置和终点位置（说明：不一定要选择坐标的最大值和最小值，选择有数据的精确值最好）。具体设置如图 4-102 所示。

图 4-101

坐标的位置和大小可在"调整标尺刻度"中再次修改。修改 X、Y 的大小，所有的 X、Y 会相应地变大或变小。如 X、Y 轴为对数，请勾选相应的选择框（图 4-103）。

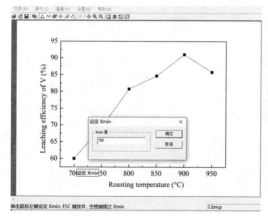

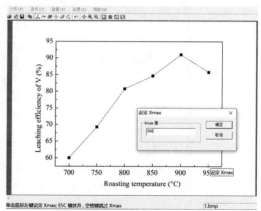

图 4-102

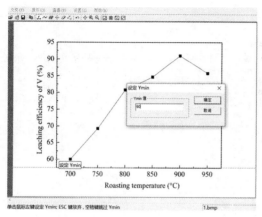

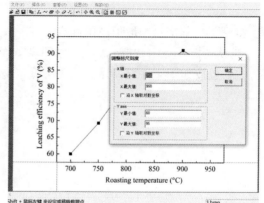

图 4-103

步骤三 提取点坐标值。

获取数据的方法有三种：其中"点捕捉模式"适用于点折线，"自动跟踪线段"适用于连续函数图像，"数字化区域"适用于提取部分函数图像（图 4-104）。

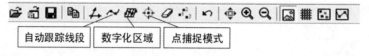

图 4-104

此处选择"点捕捉模式"后，依次点击其中的数据点，选择完毕后按 Esc 键退出数据选择（图 4-105）。

步骤四 导出数据。

选择"文件"菜单，选择"导出数据"选项，即可导出数据。数据输出的格式有 txt（text file）、xls（Excel）、dxf（AutoCAD）、eps（PostScript）、xml 等。

本例选择导出 xls 格式，导出的数据如图 4-106 所示。

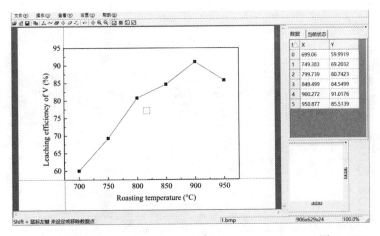

图 4-105

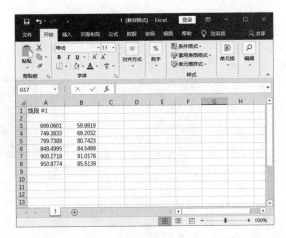

图 4-106

如果要对导出的数据进行绘图，请参阅前面 Origin 数据导入方式并绘图。

4.6.2 连续曲线图数据提取

如果要提取数据的图为连续光滑曲线，如拟合线、热重曲线、XRD 曲线等，步骤一、二、四与 4.6.1 节相同，步骤三选择 Digitizer area（数字化区域），示例如下。

选择"数字化区域"按钮后，设置间隔及相应的其他设置，如图 4-107 所示。

设置好后，确定，用鼠标把曲线范围由左上往右下拉出一个矩形框，覆盖所有数据，此时线上的数据将会全部自动捕获（图 4-108）。

如有必要，设置背景色和线颜色（即图的背景色和线的颜色各自是什么颜色。具体在"操作"菜单，设置背景颜色、线段颜色，可在设置时用鼠标在背景区域，或线段上捕捉。该操作对精准捕获线段数据有益，尤其无法捕获数据时，建议对图形背景和线条颜色分别设置，图 4-109）。

如果要对导出的数据进行绘图，请参阅前面 Origin 数据导入方式并绘图。

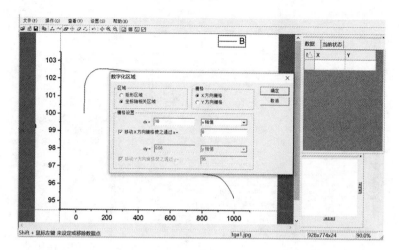

图 4-107

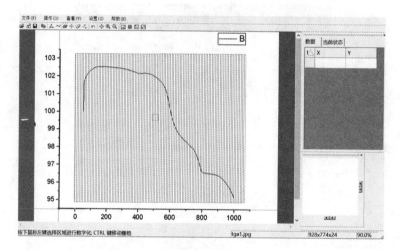

图 4-108

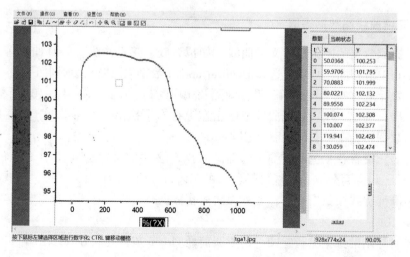

图 4-109

4.7 图形发布

4.7.1 图形复制到 Word/PowerPoint

在 Origin 中绘制好图形后，当需要将其复制到 Word/PowerPoint 中时，选择菜单栏"编辑"→"复制页面"，然后在 Word/PowerPoint 中粘贴，此种方式粘贴的图片可以在 Word/PowerPoint 中点击右键选择"graph 对象"→"打开"进行编辑（注：如用"编辑"菜单"复制图形为图片"，复制的图片无法在 Word/PowerPoint 中编辑，图4-110）。

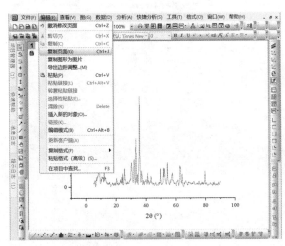
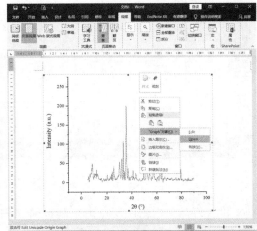

图 4-110

如果复制的图形边缘空白较多，显示不美观或直接拖动缩小又不清晰。复制图形前，在 Origin 中设置"页边距控制"即可。具体方法是：点击菜单栏"工具"，进入"选项"。在打开的选项里选择"页面"，设置页边距控制为"页面内紧凑"。此后再按前述方法复制页面到 Word 或 PowerPoint 中，则图形周围的空白变得非常紧凑（图4-111）。

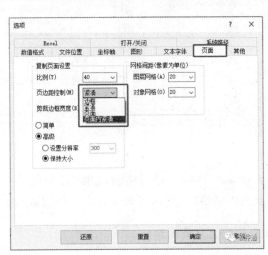

图 4-111

Origin 默认绘图背景为白色，当需要在 PowerPoint 或 Word 中插入 Origin 图形时，白色背景可能影响美观。可以在 Origin 里去掉图形背景，然后再将图导出粘贴。设置方法是，打开 Origin 图形，双击图层，将图层背景设置成无（图 4-112）。

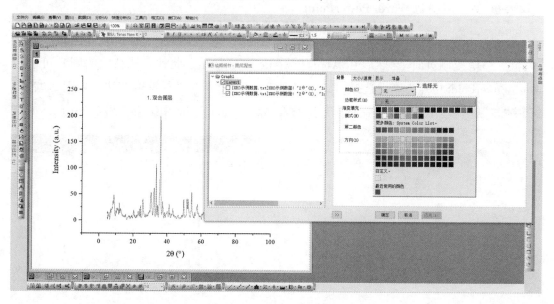

图 4-112

设置好后，右击图层点击复制页面（图 4-113）。

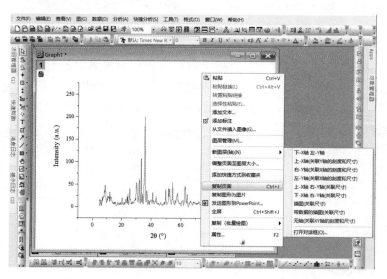

图 4-113

打开 PowerPoint 或 Word 等，粘贴，此时图形就透明显示（以下为更改图形"页边距控制"为"页面内紧凑"，并贴进蓝色背景页面的效果，图 4-114）。

4.7.2 图形输出为高清图片

当需要把 Origin 中绘制好的图形输出成高清图片，或作为单独图片文件用于论文投

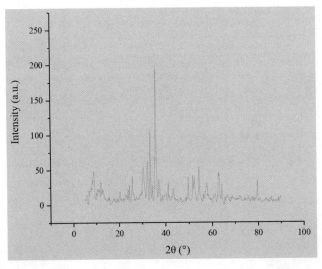

图 4-114

稿，或粘贴进 Word 进行论文写作时，选择菜单栏"文件"→"导出图形"，在打开的对话框中对图片格式、文件名、存储位置、单位、宽度、DPI（LZW 为无损压缩）等进行设置。

一般建议把"图像类型"设置为 *.jpg 或 *.tif 格式，在图像设置部分将 DPI 分辨率设置不小于 600。

如果图书或期刊有明确的要求，如："Width = 8.5 inches，Height = 11 inches，Pixels = 300 DPI，all figures should be in vector scale"，则按要求进行设置。设置如图 4-115 所示，设置好后确定，即可导出符合要求的图形。

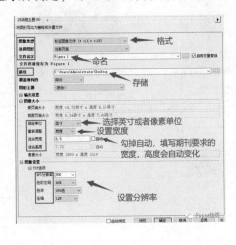

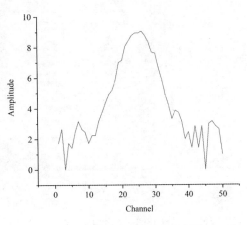

图 4-115

如果有多张图需要使用 Origin 合并，并导出。首先按 4.4.1 节的方法将多个图进行合并，然后按图 4-115 所述进行导出参数设置。

如果还需要将外部图一起合并排列，则在已合并的图形中鼠标右击页面，选择"从文件插入图像"→选择一个合适的外部图像（图 4-116）。

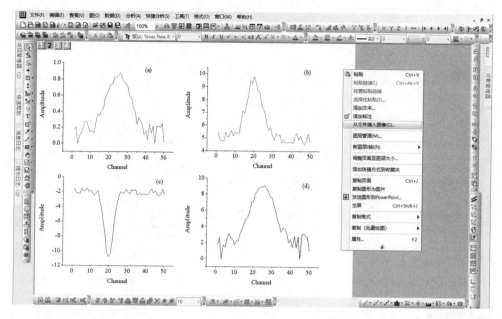

图 4-116

拖动图像到合适大小，然后右击图层，选择调整页面至图层大小（如有必要，重复拖动图像，并再次选择调整页面至图层大小，直至图形位置合适），添加相应的标签或文字说明等（图 4-117）。

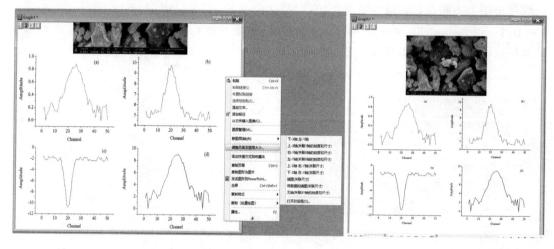

图 4-117

设置参数，导出图形（图 4-118）。

4.7.3　图形布局

Origin 提供将多幅图进行组合布局的功能，其基本做法包括：新建布局→布局页面设置→添加本地图片、Origin 图形、表格等→导出图形。

步骤一　新建 Origin 布局。

打开菜单"文件"→"新建"→布局（图 4-119 左）；或者右键 Origin 界面的空白处

（图 4-119 右）；或者按快捷键 Ctrl+N，选中布局，点击确定（图 4-120）。

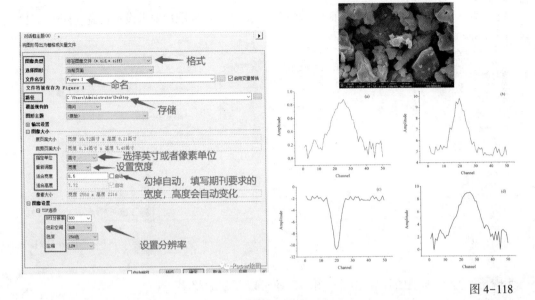

图 4-118

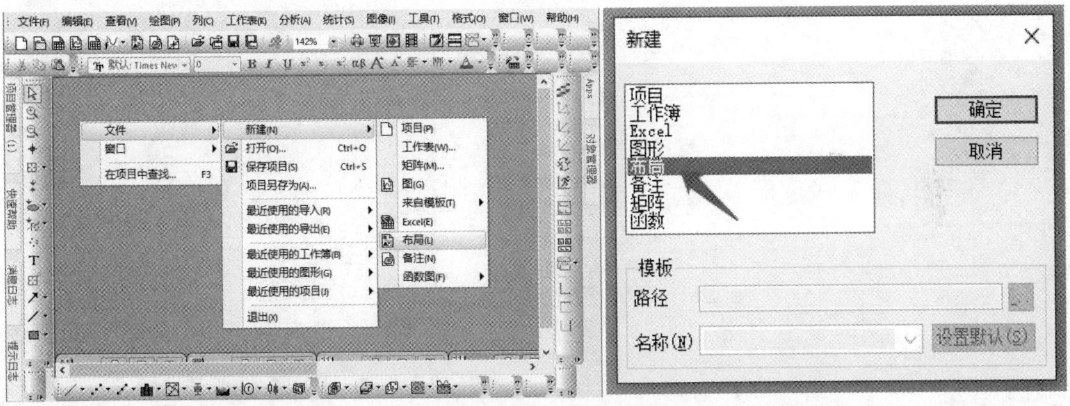

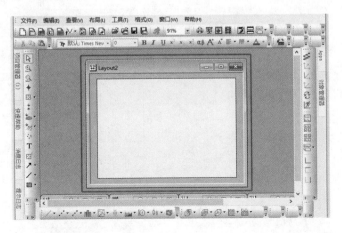

图 4-119

图 4-120

步骤二 布局页面设置。

打开菜单"格式"→"布局页面"，在打开的对话框根据图片要求设置长宽（图4-121）。

图4-121

步骤三 添加本地图片和 Origin 图形，还可以新建表格。

右键单击 Origin 的布局窗口，添加图形、工作表、新建表格等（图4-122）。

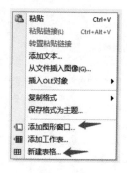

图4-122

添加内容后的效果示例如图4-123所示。图4-123中的 a 图是新建的表格，b 图是由 Origin 绘制的图，c 图是本地图片，图例文字 a、b、c 采用文本工具添加。

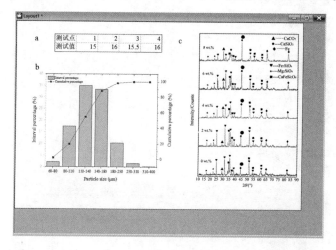

图4-123

步骤四 导出组合页面。

详细的导出页面设置参见 4.7.2 节（图 4-124）。

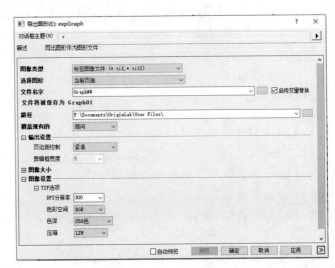

图 4-124

完成后的效果如图 4-125 所示。

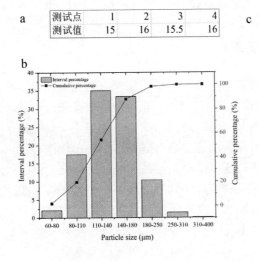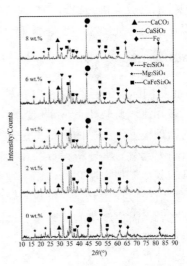

图 4-125

5 Fluent 数值模拟及冶金应用

获取本章
数字资源

本 章 提 要

1. Fluent 软件基础理论及相关模型。
2. Fluent 软件基础界面及参数设置。
3. Fluent 软件在冶金工艺过程中的应用。
4. Fluent 软件模拟高速气体射流示例。
5. Fluent 软件模拟钢凝固过程流场及温度场。

在工程应用中，很多情况下实验难度大或无法进行，如高温条件下的流体流动传热、传质、热辐射、化学反应、气体燃烧、热交换等问题。随着计算机技术和计算方法的发展，数值模拟能提供相应的计算方法，只需结合相关物理问题，选择合适的流体模型、设置正确的边界条件、分析计算结果，便可精确处理数值、稳健快速求解、丰富物理模型。数值模拟技术已成为机械设计、流体流动、高温液体冷却、高温气体传热、可燃气体燃烧、高温化学反应研究中一个非常重要的手段。

5.1 软件功能简介

Fluent 是国际上流行的商用 CFD 软件包，主要用于模拟流场、传热与相变、化学反应与燃烧、多相流、旋转机械、动/变形网格、噪声、材料加工等复杂机理的流动问题，具有丰富的物理模型、先进的数值方法和强大的前后处理功能，广泛应用于航空航天、汽车设计、石油天然气、涡轮机设计、化学工程、冶金工程等领域。Fluent 软件不仅可单独使用，还可和其他模拟方法联合使用、彼此验证，以便于更精准地分析解决工程应用问题。

进行数值模拟首先要建立反映问题（工程问题、物理问题等）本质的数学模型。数学模型建立之后，需要解决的问题是寻求高效率、高准确度的计算方法，包括微分方程的离散化方法及求解方法，坐标的建立、边界条件的处理等。确定计算方法和坐标系后，开始编制程序并进行计算。在计算工作完成后，大量数据可通过图像形象显示。

Fluent 软件计算求解包括以下步骤：（1）创建模型划分网格；（2）导入网格，检查网格及确定计算域尺寸；（3）定义求解器；（4）定义模型；（5）设置材料；（6）设置边界条件；（7）设定求解控制及求解方法；（8）设置初始条件；（9）计算求解；（10）结果后处理。

在冶金工业领域，钢铁冶炼过程通常在 1200~1800℃ 的温度下完成，难以直接观察与测量冶金过程的化学反应、流体流动等工艺变化。冶金过程主要包括高温不可压缩金属液、高压高速气流从低速到超声速、气/液从单相流到多相流、气-渣-金多相化学反应、燃烧、气-固混合、气-液-固之间的传热、高温金属液冷却等。尽管以相似原理为基础的冷态模拟实验使用较多，但受到实验条件的限制，且多数缩小比例的冷态实验是定性分析，无法合理反映高温液体的流动、反应、传热等过程。

　　冶金过程所研究的反应器内流体流动与传质、各相化学反应速度、可燃物质的燃烧、高温气体和液体传热等现象，均能用数学方法正确描述，同时计算机技术的快速发展为求解数学方程提供了保障，因此，数值模拟技术在冶金工程领域得到了广泛应用。

5.2　数值模拟基本理论

　　尽管流动规律仍然满足质量守恒、动量守恒和能量守恒三大定律，但流体力学不同于固体力学，其根本原因在于流体在流动过程中发生形变，使问题求解变得异常复杂，通常很难求得解析解。为此，对具体问题进行数值求解就成为研究流体流动的一个重要的研究方向和方法，最基本的理论基础就是计算流体力学和计算传热学。

5.2.1　控制方程

5.2.1.1　质量守恒方程

　　质量守恒方程又称为连续性方程，任何流动都必须满足质量守恒定律。该定律可以表述为单位时间内流通微元体中质量的增加，等同于同一时间间隔内流入该微元体的净质量。质量守恒方程见式（5-1）：

$$\frac{\partial \rho}{\partial t} + \nabla \cdot (\rho v) = S_m \tag{5-1}$$

式中，ρ 为流体密度，kg/m^3；t 为时间，s；v 为速度矢量，m/s；S_m 为加入连续相的质量，kg。

5.2.1.2　动量守恒方程

　　微元体中流体的动量对时间的变化率等于外界作用在该微元体上各种力之和。在惯性系中的动量守恒方程可以表示为式（5-2）：

$$\frac{\partial(\rho v)}{\partial t} + \nabla \cdot (\rho vv) = -\nabla p + -\nabla \tau + \rho g + F \tag{5-2}$$

式中，ρ 为气体密度，kg/m^3；v 为流体速度，m/s；t 为时间，s；p 为静态压力，MPa；ρg 为体积力，N；F 为其他外部体积力（如外电场力、磁力等），N；τ 为黏性应力张量。

5.2.1.3　能量守恒方程

　　能量守恒定律是包含有热交换的流动系统必须满足的基本定律，其本质是热力学第一定律。能量守恒方程见式（5-3）：

$$\frac{\partial(\rho E)}{\partial t} + \nabla \cdot [v(\rho E + p)] = \nabla \cdot \left[K_{eff} \cdot \nabla T - \sum_j h_j J_j + (\tau_{eff} \cdot v) \right] + S_h \tag{5-3}$$

式中，ρ 为气体密度，kg/m^3；E 为微元体流体的总能，即内能和动能之和，J；t 为时间，s；v 为流体速度，m/s；p 为静态压力，MPa；组分 j 的焓定义为 $h_j = \int_{T_{ref}}^{T} c_{p,j} dT$，其中 T_{ref} 为 298K，$c_{p,j}$ 为气体的定压比热容；K_{eff} 为有效导热系数，$W/(m \cdot K)$，可以表示为 $K_{eff} = k_i + k$；T 为温度，K；J_j 为组分 j 的扩散通量，$mol/(m^2 \cdot s)$；τ_{eff} 为黏性应力张量；S_h 为由于化学反应引起的放热和吸热，或代表其他自定义热源项，J。

5.2.1.4　湍流控制方程

　　湍流是自然界和工程装置中非常普遍的流动类型，湍流运动的特征是在运动中流体的质点具有不断随机的相互掺混现象，速度和压力等物理量在空间和时间上都具有随机性质的脉动。标准 k-ε 湍流模型、湍动能 k 和湍流耗散率 ε 由式（5-4）可得：

$$\frac{\partial(\rho k)}{\partial t} + \frac{\partial(\rho k v_i)}{\partial x_i} = \frac{\partial}{\partial x_i}\left[\left(\mu + \frac{\mu_t}{\sigma_k}\right) \cdot \frac{\partial k}{\partial x_i}\right] + G_k + G_b - \rho\varepsilon - Y_M + S_k \tag{5-4}$$

式中，ρ 为气体密度，kg/m^3；t 为时间，s；v_i 为某一方向上流体流速，m/s；x_i、x_j 分别为 i 方向和 j 方向的笛卡尔坐标；ρ 为湍流动力黏度，$Pa \cdot s$；μ_t 为湍流黏度系数，$Pa \cdot s$；σ_k 为 k 湍流的湍流普朗特数；G_k 为平均速度产生的湍动能，J；G_b 为浮力产生的湍动能，J；Y_M 为可压缩湍流脉动产生的湍流耗散率；S_k 为自定义源项。

5.2.2 物理模型

Fluent 软件包含丰富而先进的物理模型，主要包括以下几种。

5.2.2.1 多相流模型

Fluent 提供了四种多相流模型：VOF（Volume of Fluid）模型、Mixture（混合）模型、Eulerian（欧拉）模型和 Wet Steam（湿蒸汽）模型。一般常用的是前三种，Wet Steam 模型只有在求解类型是 Density-Based 时才能激活。

VOF 模型、混合模型、欧拉模型都属于用欧拉观点处理多相流的计算方法。其中，VOF 模型适合于求解分层流和需要追踪自由表面的问题，比如水面的波动、容器内液体的填充等；而混合模型和欧拉模型适合计算体积浓度大于 10% 的流动问题。

在冶金领域，VOF 模型可用来模拟炼钢过程气-渣-金的多相流过程、连铸过程中气泡在结晶器中的上浮过程，及弯月面处的卷渣行为。欧拉模型可用来模拟三相混合流（液、颗粒、气），如喷淋床的模拟，也可以模拟相间传热和相间传质的流动。

5.2.2.2 湍流模型

Fluent 提供了丰富的湍流模型，包括 Spalart-Allmaras 模型、$k-\omega$ 模型组、$k-\varepsilon$ 模型组。并已将大涡模拟（LES）纳入其标准模块，同时开发了更加高效的分离涡模型（DES），提供的壁面函数和加强壁面处理的方法可以很好地处理壁面附近的流动问题。

在冶金领域，$k-\varepsilon$ 模型被广泛用来模拟金属液在高炉、转炉、钢包、中间包及结晶器等容器中的流动行为。相比 $k-\varepsilon$ 模型，大涡模型在模拟钢液的瞬态流场时结果更准确，但其计算时间更久。

5.2.2.3 辐射模型

Fluent 提供了五种辐射模型，用户可以在传热计算中使用这些模型，分别是离散传播辐射模型、P-1 辐射模型、Rosseland 辐射模型、表面辐射模型和离散坐标辐射模型。

辐射模型能够应用的典型场合包括火焰辐射，表面辐射换热，导热、对流与辐射的耦合问题，HVAC（Heating, Ventilation and Air Conditioning）中通过开口的辐射换热及汽车工业中车厢的传热分析，玻璃加工、玻璃纤维拉拔过程以及陶瓷工业中的辐射传热等。

在冶金领域，辐射模型可用来模拟高炉炼铁、转炉炼钢、电弧炉炼钢、炉外精炼及连铸过程的金属液与冷却水、高温气体与废钢、炉体与冷却水等的热交换。另外，辐射模型还可用于模拟炼钢过程金属液对炉壁的热辐射、电弧炉及 LF 精炼过程三相电极的热辐射等。

5.2.2.4 组分输运和反应模型

Fluent 提供了四种模拟反应的方法：通用有限速度模型、非预混燃烧模型、预混燃烧模型、部分预混燃烧模型。通用有限速度模型主要用于化学组分混合、输运和反应的问题，以及壁面或粒子表面反应的问题；非预混燃烧模型主要用于包括湍流扩散火焰的反应系统，接近化学平衡，其中氧化物和燃料以及两个或三个流道分别流入所要计算的区域；预混燃烧模型主要用于单一、完全预混合反应物流动；部分预混燃烧模型主要用于区域内具有变化等值比率的预混合火焰的情况。

在冶金领域，化学反应模型被广泛用来模拟金属液在高炉、转炉、电弧炉、钢包等反应器中的还原反应及氧化反应，同时也可模拟高炉喷煤过程煤粉的燃烧、电弧炉炉壁氧燃枪的气体燃烧等燃烧过程。相比于流体流动、传热等模拟过程，炉内化学反应及气体的燃烧模拟过程更为复杂，计算时间也更长。

5.2.2.5　离散相模型

Fluent 可以用离散相模型计算散布在流场中的粒子运动和轨迹。例如，在油气混合气中，空气是连续相，而散布在空气中的细小油滴则是离散相。连续相的计算可以用求解流场控制方程的方式完成，而离散相的运动和轨迹需要用离散相模型进行计算。

离散相模型实际上是连续相和离散相物质相互作用的模型。在带有离散相模型的计算过程中，通常是先计算连续相流场，再用流场变量通过离散相模型计算离散相粒子受到的作用力，并确定其运动轨迹。离散相计算是在拉格朗日观点下进行的，即在计算过程中是以单个粒子为对象进行计算的，而不像连续相计算那样是在欧拉观点下进行的。

在冶金领域，如喷雾干燥器、煤粉高炉、液体燃料喷雾，可以使用离散相模型（DPM），模拟射入的粒子、泡沫及液滴与背景流之间进行发生热、质量及动量的交换。通过与流动模型的耦合，DPM 模型可用来模拟夹杂物在中间包及连铸过程中的运动轨迹。

5.2.2.6　凝固和熔化模型

Fluent 采用"焓-多孔度"技术模拟流体的固化和熔化过程。在流体的固化和熔化问题中，流场可以分成流体区域、固体区域和两者之间的糊状区域。"焓-多孔度"技术是将流体在网格单元占有的体积百分比定义为多孔度，并将流体和固体并存的糊状区域看作多孔介质区进行处理。

"焓-多孔度"技术可以模拟的问题包括纯金属或二元合金中的固化、熔化问题，连续铸造加工过程等。计算中可以计算固体材料与壁面之间因空气的存在而产生的热阻，以及固化、熔化过程中组元的输运等。

在冶金领域，相变模型可用来分析铁矿石在高炉炼铁过程中的反应相变、废钢在电炉中的熔化、钢液在浇铸过程的凝固等过程。单独的凝固和熔化模型不足以准确描述钢的相变过程，通常需要耦合流动及传热模型。

5.3　软件界面及设置

5.3.1　启动界面

在 Dimension（维度）选项中，对于三维模拟选择 3D 求解器，对于二维模拟选择 2D 求解器。在 Options（选项）选项中，勾选 Double Precision 求解将采用双精度求解器（默认情况采用单精度求解器）。在 Display Options（显示选项）选项中，勾选 Display Mesh After Reading，可以使 Fluent 读入网格后自动显示网格（图 5-1）。

5.3.2　用户界面

Fluent 用户界面用于定义并求解问题，包括导入网格、设置求解条件以及进行求解计算等，如图 5-2 所示。

2维求解器
3维求解器

读入后显示网格
嵌入图形窗口
彩色设计工作台

双精度求解器
网格模式

串行处理
并行处理

版本

工作目录

安装路径

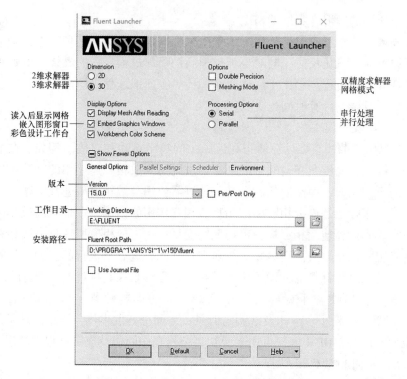

图 5-1

网格
　网格常规设置　　　　①
求解步骤　　　　　　　②
　常规设置
　模型设置
　材料设置
　相设置
　内部区域(控制体)条件设置
　边界条件设置
　网格接口设置
　动网格设置
　参考量设置
求解　　　　　　　　　③
　求解方法设置
　求解控制设置
　监视窗口设置
　计算初始化设置
　运算、自动保存设置
　运行计算
结果　　　　　　　　　④
　显示与着色设置
　图线设置
　求解报告

信息树
菜单栏
工具栏
设置选项区
图形显示区
文本信息区

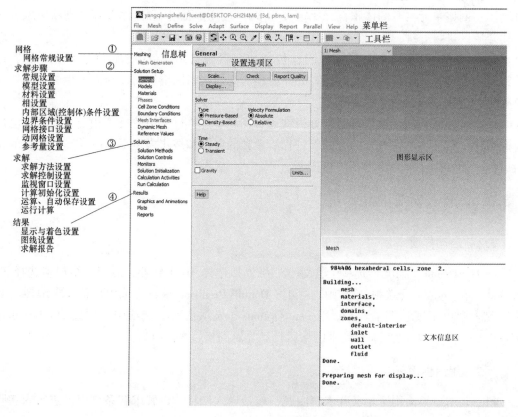

图 5-2

用户界面包括六大区域：

（1）菜单栏：包含 Fluent 所有选项设置，点击相应菜单会出现相应功能设置入口。

（2）工具栏：可以对图形进行平移、旋转、放大等操作。

（3）信息树：以此为入口对模型相应选项进行快速设置。

（4）设置选项区：对信息树中点击的相应功能进行详细设置。

（5）图形显示区：以图形模式直观地显示模型。

（6）文本信息区：获取相应的文本信息。如检查网格质量时，可获取计算域范围、单元体积最大值、最小值及总体积等信息。

5.3.3 常规设置

常规设置主要包括网格和求解器的相关选项设置（图5-3）。

在 Mesh（网格）选项中点击"Scale"（尺寸）可对计算域尺寸进行设置。在 Mesh Was Created In 中选择网格划分时采用的长度单位，单击"Scale"，则计算域尺寸不变；若选用其他长度单位，单击"Scale"，则计算域尺寸会进行相应比例（根据所选转换单位）的缩放。Domain Extents 可显示计算域范围 XYZ 方向中的最大坐标和最小坐标。点击"View Length Unit"可设置 Fluent 中长度显示单位。点击"Check"可检查网格质量，主要包括计算域范围（长度显示单位为 m，与 View Length Unit 设置显示单位无关）、单元的体积数据统计、网格拓扑和周期边界信息。点击 Display 可进行网格显示设置。显示选项主要包括节点、线、面、分区，在 Surfaces 中可选择要显示的面。

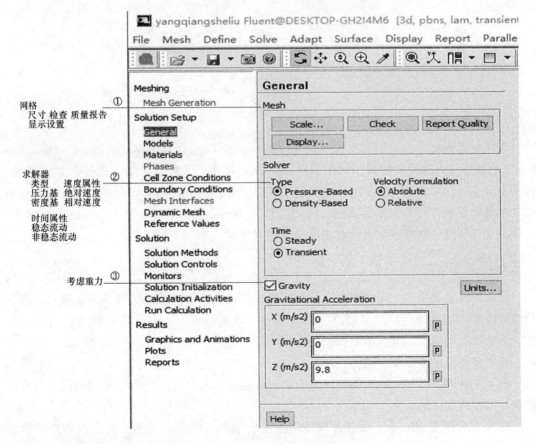

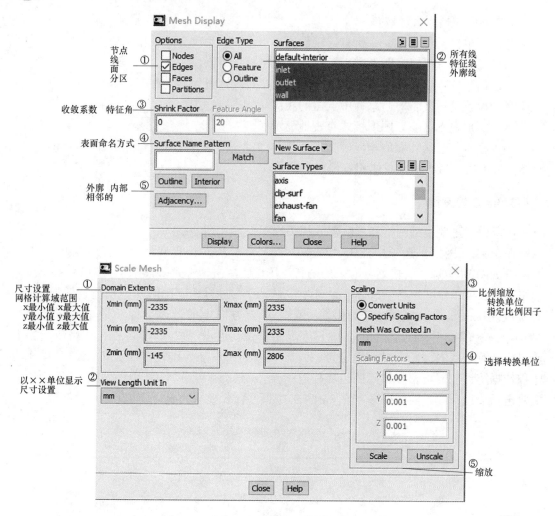

图 5-3

在求解器设置中，求解器类型主要包括 Pressure-Based 和 Density-Based，Pressure-Based 是基于压力法的求解器，使用的是压力修正算法，求解的控制方程是标量形式的，擅于求解不可压缩流动，对于可压缩流动也可以求解；Density-Based 是基于密度法的求解器，求解的控制方程是矢量形式的。时间类型分为 Steady（稳态）和 Transient（非稳态）两种。速度属性中指定速度为绝对速度还是相对速度。

5.3.4 模型设置

在常规设置完成后，需要根据计算的问题选择适当的物理模型。如图 5-4 所示，包括多相流模型、能量方程、湍流模型、辐射模型、换热器模型、组分传输模型、离散相模型、熔化和凝固模型、噪声模型和欧拉液膜。

其中多相流模型主要包括：

（1）VOF 模型 Volume of Fluid：适合求解分层流和需要追踪自由表面的问题，如水面波动，容器内液体的填充。

（2）混合模型 Mixture：适合计算体积浓度大于 10% 的流动问题，但离散相在计算域

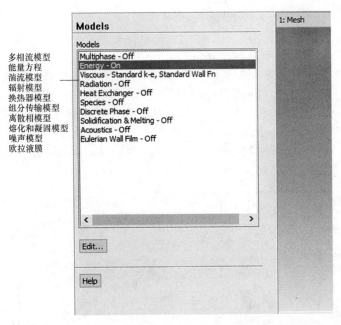

多相流模型
能量方程
湍流模型
辐射模型
换热器模型
组分传输模型
离散相模型
熔化和凝固模型
噪声模型
欧拉液膜

图 5-4

中分布较广。

（3）欧拉模型 Eulerian：适合计算体积浓度大于 10% 的流动问题，但离散相在计算域中只集中在一部分。

（4）湿蒸汽模型 Wet Steam：只有在求解类型是 Density-Based 时才能被激活。

湍流常用模型主要包括：

（1）Spalart-Allmaras：单一输运方程模型，直接解出修正过的湍流黏性，用于有界壁面流动的航空领域，尤其是绕流过程，可以使用粗网格。计算量小，对一定复杂的边界层问题有较好效果。

（2）Standard k-ε：基于两个输运方程的模型解出 k 和 ε，默认的 k-ε 模型，系数由经验公式给出，只对高 Re 的湍流有效，包含黏性热、浮力、压缩性选项。应用多，计算量适中，有较多数据积累和比较高的精度，对于曲率较大和压力梯度较强等复杂流动模拟效果欠佳。

（3）RNG k-ε：标准 k-ε 模型的变形，方程和系数来自解析解，用来预测中等强度的旋流和低 Re 流动。能模拟射流撞击、分离流、二次流和旋流等中等复杂流动，受到涡旋黏性各向同性假设限制。

（4）Realizable k-ε：标准 k-ε 模型的变形，用数学约束改善模型性能，能用于预测中等强度的旋流。和 RNG 基本一致，还可以更好的模拟圆形射流问题，受到涡旋黏性各向同性假设限制。

（5）Standard k-ω：两个输运方程解出 k 和 ω，对于有界壁面和低 Re 流动性能较好，尤其是绕流问题。适合于存在逆压梯度情况时的边界层流动、分离。

（6）SST k-ω：标准 k-ω 的变形，使用混合函数将标准 k-ω 模型与标准 k-ε 模型结合起来。基本与 k-ω 模型相同，由于对壁面距离依赖性较强，因此不适用于自由剪切流。

（7）Reynolds Stress：直接使用输运方程来解出雷诺应力，避免了其他模型的黏性假设，模拟强旋流相比于其他模型有明显优势，是最复杂的 RANS 模型，避免了各向同性的假设，较难收敛。

5.3.5 材料设置

5.3.5.1 从流体数据库中导入材料

材料数据库中包含许多常用的流体、固体和混合物材料。默认材料为空气，若调用新材料，调用步骤为：点击"Fluid"打开材料物性设置选项框，点击"流体数据库"，从Fluent Fluid Materials 中选择导入的材料名称，从材料类型中设定导入材料为流体或固体。点击"Copy"即可成功导入材料。点击"流体中材料"如氧气，可设置导入材料属性如密度、动力黏度、等压比热、热传导系数、标准状态焓及温度等参数（图5-5）。

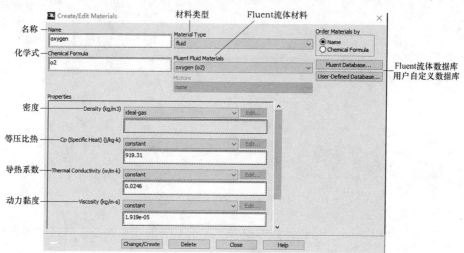

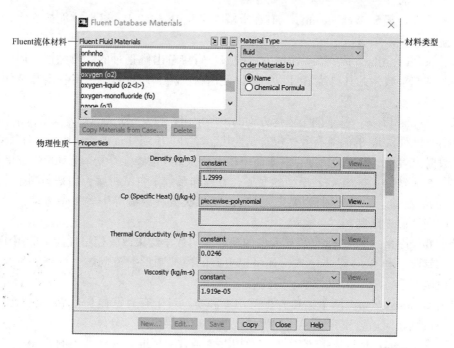

图 5-5

5.3.5.2 用户自定义材料

若数据库中没有用户所用材料，则用户可创建新材料。点击"用户定义材料"，输入材料名称，点击"OK"，点击"新材料"，从属性列表选择材料属性，并定义属性数值（图5-6）。

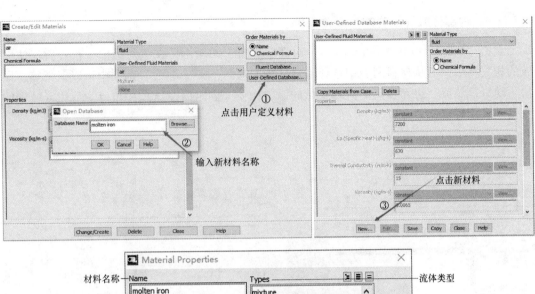

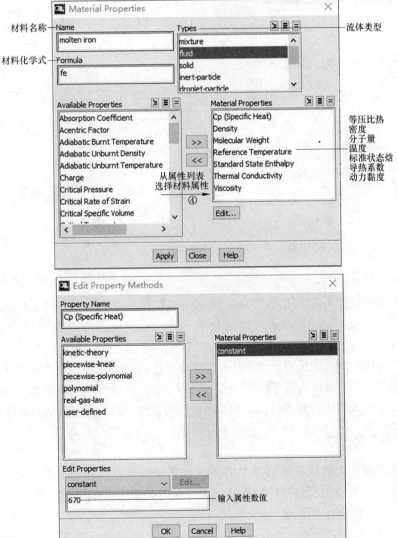

图 5-6

5.3.6 内部区域（控制体）条件设置

点击"Edit"，弹出 Fluid（流体）对话框如图 5-7 所示。在该对话框中可设置流体区域的相关参数。可从材料列表中选择流体区域内材料；在"源项"选项中可以定义热、质量、动量、湍流、组元和其他流动变量的源项；在"固定值"选项中可以为流体区域中的变量设置固定值。

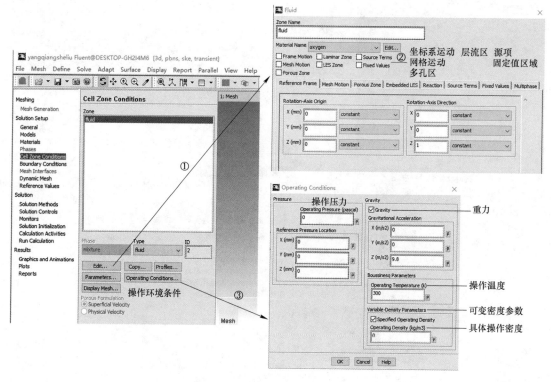

图 5-7

Fluent 主要包括以下几种压力：Static pressure（静压）、Dynamic pressure（动压）、Total pressure（总压）、Absolute pressure（绝对压力）、Relative pressure（参考压力）、Operating pressure（操作压力）、Gauge pressure（表压）。其中，静压、动压和总压是流体力学中关于压力的概念；静压是测量的压力，动压是有关速度动能的压力，是流动速度的体现；总压等于静压与动压之和；绝对压力等于操作压力与表压之和。而绝对压力、参考压力、操作压力和表压是 Fluent 引入的压力参考量，在 Fluent 中，所有设定的压力都默认为表压。

5.3.7 边界条件设置

边界条件是设在求解区域的边界上的变量或其导数随时间和地点变化的规律。Fluent 中有效的边界条件类型主要包括外部面边界条件和内部面边界条件（图 5-8）。

5.3.7.1 外部面边界类型

（1）速度入口边界条件（velocity-inlet）：给出入口速度及需要计算的所有标量值。该边界条件适用于不可压缩流动问题。

（2）压力入口边界条件（pressure-inlet）：压力入口边界条件通常用于给出流体入口

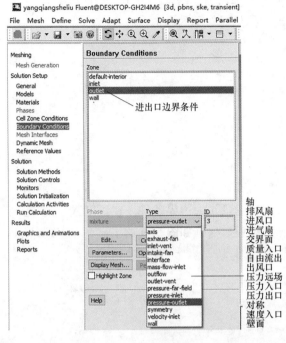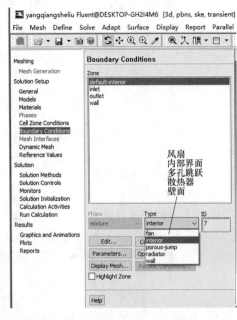

图 5-8

的压力和流动的其他标量参数，对计算可压和不可压问题都适合。压力入口边界条件通常用于不知道入口流率或流动速度时的流动，这类流动在工程中常见，如浮力驱动的流动问题。压力入口条件还可用于处理外部或者非受限流动的自由边界。

（3）压力出口边界条件（pressure-outlet）：需要给定出口静压（表压）。而且，该压力只用于亚声速计算（$Ma<1$）。如果局部变成超声速，则根据前面来流条件外推出口边界条件。需要特别指出，这里的压力是相对于前面给定的工作压力。

（4）质量入口边界条件（mass-flow-inlet）：给定入口边界上的质量流量。主要用于可压缩流动问题，对于不可压缩问题，由于密度是常数，可以使用速度入口条件。如果压力边界条件和质量边界条件都适合流动时，优先选择用压力入口条件。

（5）压力远场边界条件（pressure-far-field）：如果知道来流的静压和马赫数，Fluent 提供压力远场边界条件来模拟该类问题。该边界条件只适合用理想气体定律计算密度的问题，而不能用于其他问题。为了满足压力远场条件，需要把边界放到关心区域足够远的地方。

（6）自由流出边界条件（outflow）：不知道流出口的压力或者速度时可以选择自由流出边界条件。

（7）固壁边界条件（wall）：对于黏性流动问题，Fluent 默认设置是壁面无滑移条件。壁面热边界条件包括固定热通量、固定温度、对流换热系数、外部辐射换热与对流换热等。

（8）入口通风（inlet-vent）：给定入口损失系数（Loss-Coefficient），流动方向和入口环境总压、静压及总温。

（9）入口风扇（intake-fan）：给定压力阶跃（Pressure Jump）、流动方向、环境总压和总温。

（10）出口通风（outlet-vent）：给定静压、回流条件、辐射系数、离散相边界条件、损失系数等。用于模拟出口通风情况，需要给定损失系数、环境（出口）压力和温度。

（11）排风扇（exhaust-fan）：用于模拟外部排风扇，给定一个压力和环境压力。

（12）对称边界（symmetry）：用于流动及传热时对称的情形。

5.3.7.2　内部面边界类型

（1）风扇；

（2）内部界面；

（3）多孔跳跃；

（4）散热器；

（5）壁面。

5.3.7.3　常用入口及出口边界条件设定

A　速度入口设置

速度入口边界条件用入口处流场速度及流动变量作为边界条件。在速度入口边界条件中，流场入口边界的驻点参数是不固定的。其设置选项框如图 5-9 所示，在 Velocity Spec-

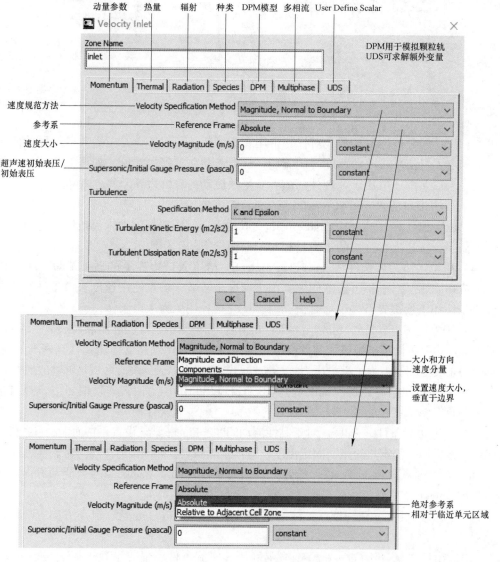

图 5-9

ification Method（速度规范方法）中选择速度定义方式，给定 Magnitude and Direction（速度大小和方向）或 Components（速度分量）或 Magnitude，Normal to Boundary（速度大小且假定方向垂直于边界）。在 Reference Frame（参考系）中可选择速度以 Relative to Adjacent Cell Zone（相对于临近单元区域）为参照的相对速度或 Absolute（绝对参考系）为参照的绝对速度。

B　压力入口设置

压力入口边界条件用于定义流场入口处的压强和其他标量函数（图 5-10）。通常在入口处压强已知而速度和流量未知时，可以使用压强入口条件。在 Gauge Total Pressure（表总压）中输入总压值。在 Supersonic/Initial Gauge Pressure（超声速/初始表压）定义静压。在 Direction Specification Method 选项中可选用 Direction Vector（方向矢量）或者 Normal to Boundary（垂直于边界）。

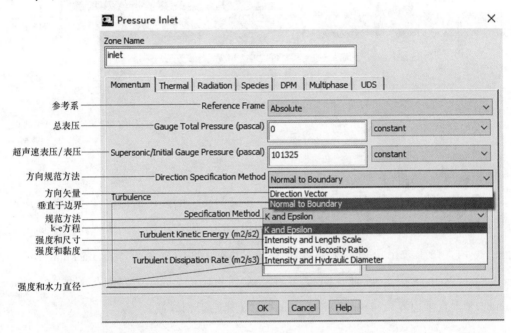

图 5-10

在湍流设置中，可选择湍流规范方法，其方法包括 K and Epsilon（$k-\varepsilon$ 方程）、Intensity and Length Scale（强度和尺寸）、Intensity and Viscosity Ratio（强度和黏度），以及 Intensity and Hydraulic Diameter（强度和水力直径）。

C　质量入口设置

在已知流场入口处流量时，可以通过定义质量流量或者质量通量分布的形式定义边界条件（图 5-11）。在 Mass Flow Specification Method（质量流量规范方法）中选择质量流量定义方法。其中包括 Mass Flow Rate（质量流率）、Mass Flux（质量流量）、Average Mass Flux（平均质量流量）。在 Direction Specification Method（方向规范方法）中可选择流动方向的定义方式，其中包括 Direction Vector（方向矢量）、Normal to Boundary（垂直于边界）、Outward Normals（外向法线）。

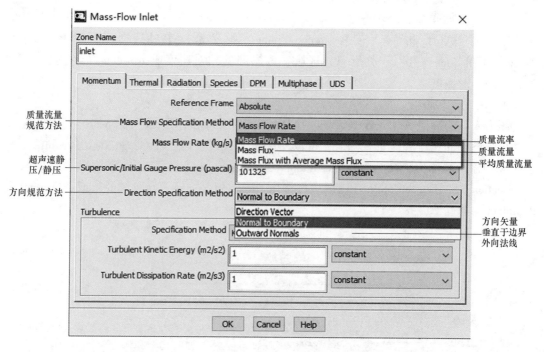

图 5-11

D 压力出口设置

压力出口边界条件在流场出口边界条件上定义静压，而静压的值仅在流场为亚声速时使用（图 5-12）。如果在出口边界上流场达到超声速，则在边界上的压强将从流场内部通过插值得到。在压力出口边界上需要定义 Backflow（回流）条件。在 Backflow Direction Specification Method 定义回流方向方式，包括 Direction Vector（方向矢量）、Normal to Boundary（垂直于边界）、From Neighboring Cell（起始于相邻域）。

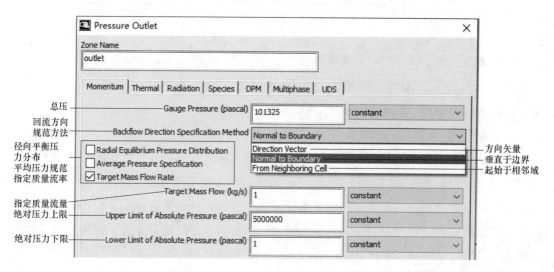

图 5-12

5.3.8　动网格设置

计算某些案例时可启用动态网格模型，动网格设置界面如图 5-13 所示。其中网格更新方法包括无滑更新、网格层变和网格重新划分三种。

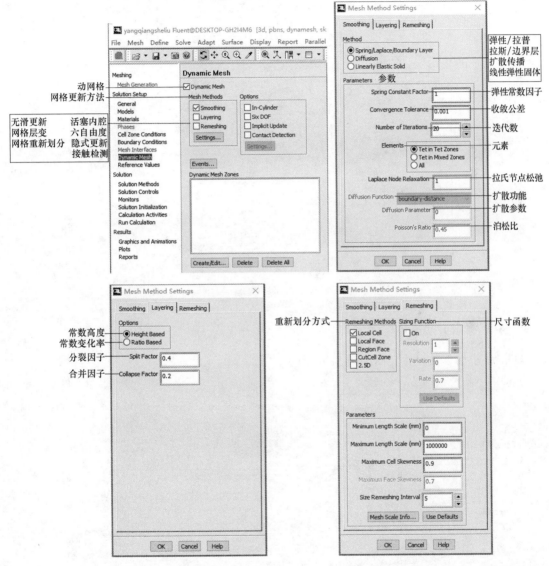

图 5-13

5.3.9　参考值设置

用户可以控制参考值的设定，这些参考值用于导出物理量和无因次系数的计算，并且仅用于后处理过程。参考值的设定如图 5-14 所示，可以被设定的参考值有 Area（范围）、Density（密度）、Enthalpy（焓）、Length（长度）、Pressure（压力）、Temperature（温度）、Velocity（速度）、Viscosity（黏性系数）、Ratio of Specific Heats（比热比）。

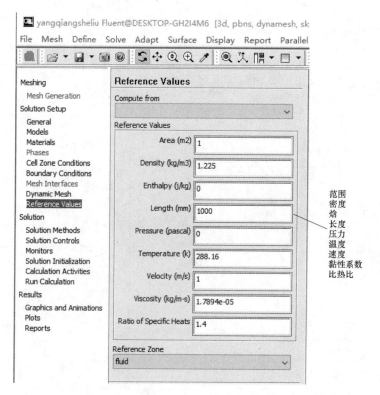

图 5-14

5.3.10 求解方法设置

Fluent 求解算法设置界面如图 5-15 所示。

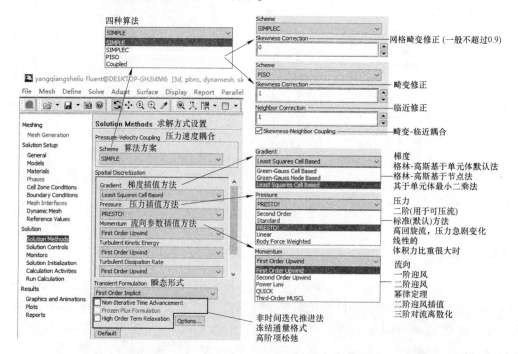

图 5-15

5.3.10.1　算法

A　SIMPLE 算法

（1）假设初始压力场分布；

（2）利用压力场求解动量方程，得到速度场；

（3）利用速度场求解连续性方程，使压力场得到修正；

（4）根据需要，求解湍流方程及其他方程；

（5）判断前计算是否收敛，若不收敛，返回（2）。

简单说来，SIMPLE 算法就是分两步走：步骤一预测，步骤二修正，即预测-修正。

B　SIMPLC 算法

SIMPLC 算法是对 SIMPLE 算法的一种改进，其计算步骤与 SIMPLE 算法相同，只是压力修正项中的一些系数不同，可以加快迭代过程的收敛。

C　PISO 算法

PISO 算法比 SIMPLE 算法增加了一个修正步，即分三步：步骤一预测，步骤二修正得到一个修正的场分布，步骤三在步骤二基础上再进行一次修正。即预测—修正—修正。PISO 算法在求解瞬态问题时有明显优势。对于稳态问题可能 SIMPLE 或 SIMPLEC 更合适。

如果不知道该如何选择，保持 FLUENT 的默认选项即可，默认选项可以很好解决 70%以上的问题，而且对于大部分出了问题的计算来说，也很少是因为算法选择不恰当所致。

5.3.10.2　离散方法

离散方法是指按照什么样的方式将控制方程在网格节点离散，即将偏微分格式的控制方程转化为各节点上的代数方程组。几种离散方法简介如下：

一阶迎风格式/ First order upwind：一阶迎风格式考虑了流动方向，可以得到物理上合理的解。但当对流作用占主导而扩散作用很小的时候，一阶迎风格式夸大了扩散的影响，容易偏离真正的场分布。一阶格式具有一阶精度截差，当网格密度不足时，一阶格式的求解精度有限。

二阶迎风格式/ Second order upwind：二阶格式在一阶基础上考虑了物理量在节点间分布曲线的曲率的影响，具有二阶精度截差。

QUICK 格式：QUICK 格式的对流项具有三阶精度截差，而扩散项具有二阶截差。QUICK 格式可以减少假扩散误差，精度较高，但主要用结构网格（二维的四边形网格，三维的六面体网格）。

5.3.11　求解控制设置

Fluent 求解控制设置界面如图 5-16 所示。Fluent 中各流场变量的迭代都由松弛因子控制，因此，计算的稳定性与松弛因子紧密相关。在大多数情况下，可以选择默认参数。在某些复杂流动的情况下，默认设置不能满足稳定性要求，计算过程中可能出现振荡、发散等情况，此时需要适当减小松弛因子的值，以保证计算收敛。

流场变量在计算过程中的最大值、最小值可以在求解极限设置中设定。设置解变量极限是为了避免在计算中出现非物理解，比如温度或密度变成负值，或者远远超过真实值。在计算之前可以对默认设定的解变量极限进行修改，如果计算过程中解变量超过极限值，系统就会在屏幕上发出提示信息，提示在哪个计算区域、有多少网格单元的解变量超过极限。对湍流变量的限制是为了防止湍流变量过大，对流场造成过大、非物理的耗散作用。

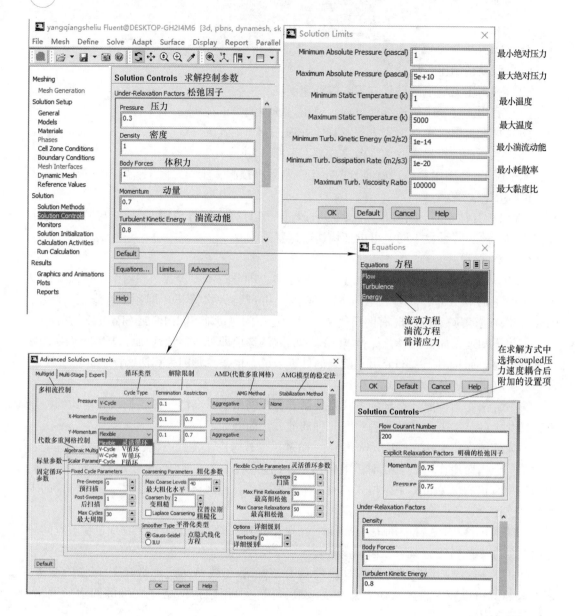

图 5-16

Courant 数对时间步进格式起主要控制作用，是由线性稳定性理论定义的一个范围，在此范围内计算格式是稳定的。给定一个 Courant 数，就可以相应地得到一个时间步长。Courant 数越大，时间步长越长，计算收敛速度越快。因此在计算中 Courant 数在允许的范围内尽量取最大值。

5.3.12 监视窗口设置

在计算过程中可以动态监视残差、统计数据、受力值、面积分和体积分等与计算相关的信息。图 5-17 为监视残差。

每个迭代步结束时都会对守恒变量的残差进行计算，计算的结果可以显示在窗口中，并保存在数据文件中。从理论上讲，在收敛过程中残差应该无限减小，极限为 0，但在实

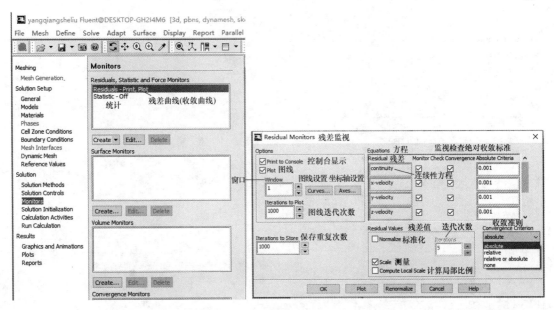

图 5-17

际计算中，单精度计算的残差最大可以减小 6 个量级，而双精度的残差最大可以减小 12 个量级。在计算过程中，可自行设定方程收敛标准。

5.3.13 计算初始化设置

Fluent 计算初始化设置界面如图 5-18 所示。Fluent 中全局初始条件设置有两种方法：Hybrid Initialization（混合初始化）和 Standard Initialization（标准初始化），其中，选择 Hybrid

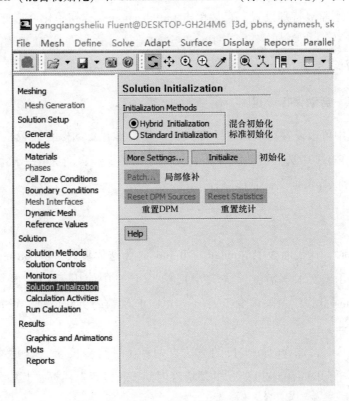

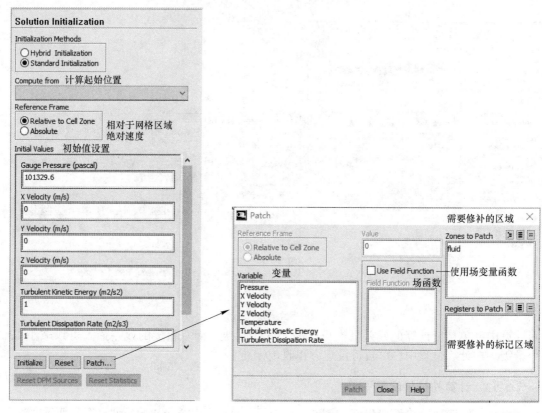

图 5-18

Initialization 方法不需要特别设置，直接单击 Initialization 完成初始化。选择 Standard Initialization 进行初始化，步骤如下：（1）设定初始值；（2）检查初始值设定后单击 Initialization 完成流场初始化。

5.3.14 运算、自动保存设置

在计算过程中可以设置自动保存计算数据文件，打开自动保存设置框，如图 5-19 所示。在 Autosave Every 中选择自动保存步数，即计算多少步自动保存一次数据，点击后方 "Edit" 可以设置保存数据文件具体路径。

5.3.15 运行计算

在定常计算时，迭代面板中 Number of Iterations 为迭代步数，Reporting Interval 用于设置每隔多少步显示一次求解信息，默认为 1，如果计算中使用了 UDF 函数，则可以使用 Profile Update Interval 设定每隔多少步输出一次 UDF 函数的更新信息。设置完毕后，单击 Calculate 开始计算。

在非定常计算时，选择时间步长的方法有两种：时间步长固定不变及适应性时间步长。单击 Settings 打开如图 5-20 所示的适应性时间步长设置对话框，其中包括：

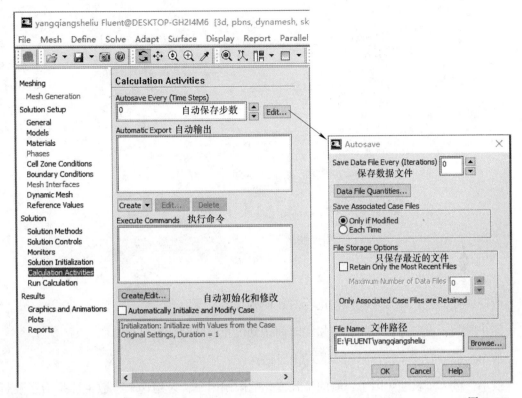

图 5-19

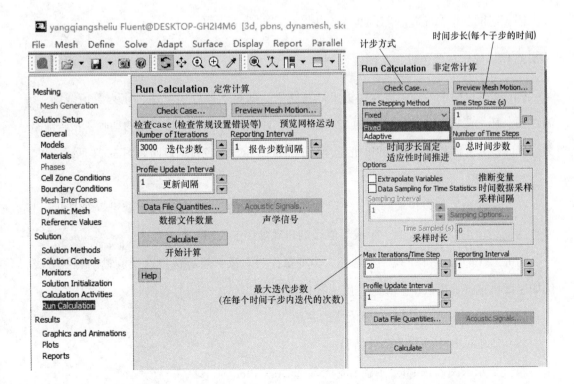

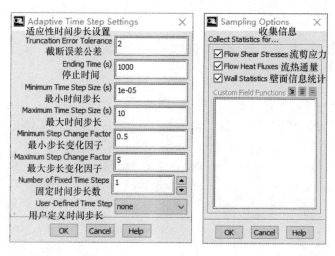

图 5-20

截断误差公差：即与截断误差进行对比的判据。

停止时间：设定停止时间，在累积时间达到停止时间时计算自动结束。

最小、最大时间步长：时间步长的上下限。

最小、最大步长变化因子：时间步长变化的限制因子，采用这个参数主要是为了限制时间步长发生剧烈变化。

固定时间步的数量：在时间步长发生变化前的迭代步数。

5.3.16　显示与着色设置及图线设置

Fluent 可以用多种方式显示和输出计算结果，如显示速度矢量图、压力等值线图、等温线图、压力云图、迹线图，绘制 XY 散点图、残差图，生成流场变化的动画，报告流量、力、界面积分、体积分及离散相的信息等。Fluent 显示与着色设置界面如图 5-21 所示。

5.3.16.1　等值线图设置

在 Fluent 中，可以在求解对象上绘制等值线。等值线是由某个选定变量（如温度、压力）为固定值的线所组成的。生成等值线的步骤如图 5-22 所示。

（1）在 Contours of 下拉菜单选择一个变量作为对象，然后选择这个变量的相关分类，例如速度可选择速度大小、轴向速度、径向速度等。

（2）在 Surface 中选择绘制等值线的表面。

（3）在 Levels 中指定等值线数目。

（4）显示云图勾选 Filed，显示轮廓勾选 Draw Profiles。

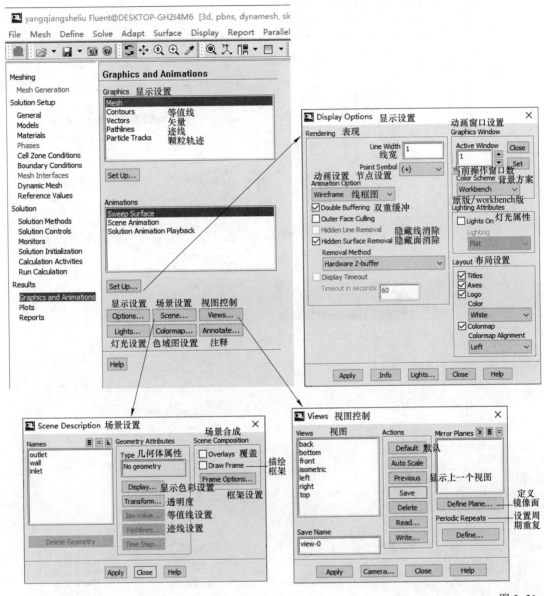

图 5-21

（5）单击 Display（显示）即可成功绘制等值线图。

5.3.16.2　矢量图设置

在绘制矢量图时，默认情况下，速度矢量被绘制在每个单元的中心（或每个选中表面的中心），用长度和箭头的颜色代表梯度，矢量绘制的设置参数，可以用来修改箭头的间隔、尺寸和颜色。注意绘制速度矢量时总是采用单元节点中心值，而不采用节点平均值。绘制步骤如下（图 5-23）：

（1）在 Vectors of 中选择变量。

（2）在 Surface 中选择绘制矢量图的表面。

（3）单击 Display（显示）即可绘制矢量图。

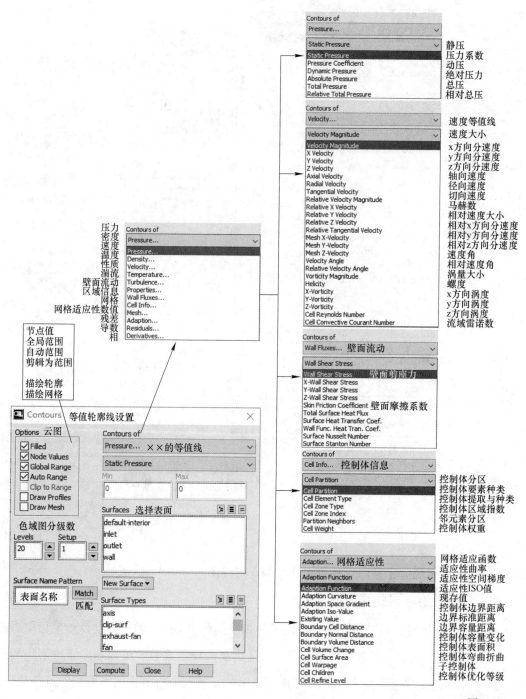

图 5-22

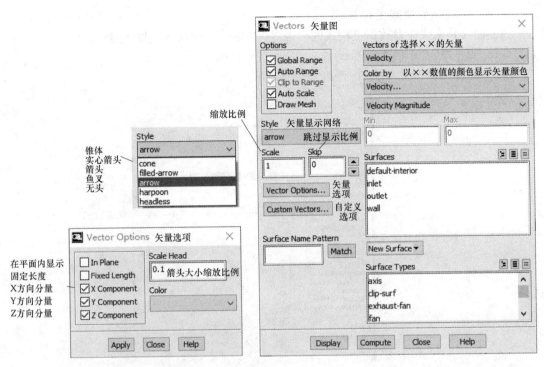

图 5-23

5.3.16.3 迹线图设置

在 Graphics 中双击 Pathlines 即可打开如图 5-24 所示的迹线设置选项框。设置迹线步骤如下：

（1）在 Release from Surfaces 列表中选择相关平面。

（2）设置 Step Size 和 Step 的最大数目。Step Size 设置长度间隔用来计算下一个微粒的位置，Step 设置了一个微粒能够前进的最大步数。

（3）设置迹线选项框中其他选项。

（4）单击 Display（显示）绘制迹线。

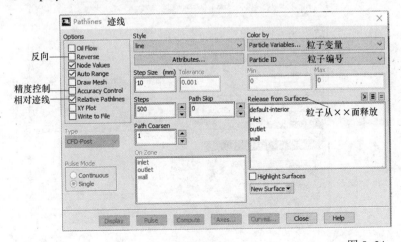

图 5-24

5.3.16.4　XY 曲线图设置

XY 曲线是由线或者数据点构成的。生成 XY 曲线步骤如下（图 5-25）：

（1）点击 Plots 中的 XY Plots 激活 XY 曲线对话框。

（2）选择绘图变量和绘图方向。

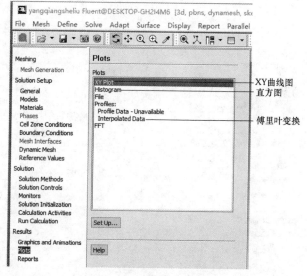

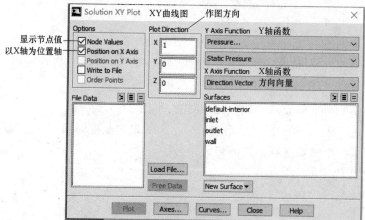

图 5-25

（3）在 Surfaces 中选择绘制曲线的表面。

（4）单击 Plots，绘制 XY 曲线。

5.3.17 求解报告

在后处理过程中，用户可以利用 Fluent 提供的工具计算边界上或内部面上各种变量的积分值。可以计算的项目包括边界上的质量流量和热量流量、边界上的作用力和力矩以及几何体的投影面积等。最后可形成如图 5-26 所示的求解报告。生成边界通量求解报告的步骤如下：

（1）在 Options（选项）中选择计算变量。

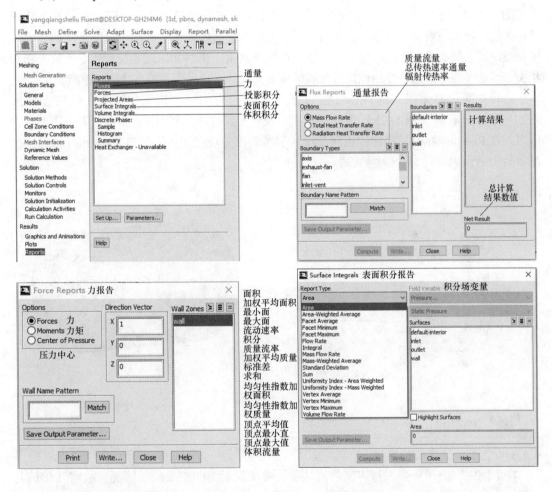

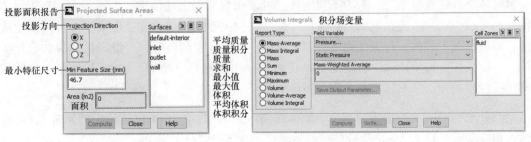

图 5-26

（2）在 Boundaries（边界）列表中选择目标边界。

（3）单击 Compute（计算），Results（结果）列表框中将显示所选择边界区域的流量计算结果。

5.4 转炉氧枪自由射流模拟

5.4.1 问题描述

转炉炼钢通过氧枪供氧完成脱磷、脱碳及升温等冶炼任务，超声速喷头是供氧氧枪的核心部件。为了提高炼钢生产率、改善冶金效果，研究超声速氧气射流的流动特性是极其重要的。本算例是对转炉超声速氧枪的气体自由射流进行模拟，高压氧气通过拉瓦尔喷头转化为超声速气体射流，气体从喷孔射出后在无限大空间继续扩散流动。速度衰减曲线、动压衰减曲线、横截面速度及动压分布等射流特性与氧枪喷头的几何尺寸及实际冶炼效果密切相关。因此，通过射流特性的模拟可为氧枪喷头的设计优化提供重要参数和理论指导。

将转炉简化为无限大圆柱体（假设圆柱体半径为 1m），拉瓦尔喷头几何模型如图 5-27 所示。计算域（图 5-28）为拉瓦尔喷头及整个圆柱体，其中拉瓦尔喷头上表面设置为压力入口 Pressure Inlet，圆柱体表面及拉瓦尔喷头出口设置为压力出口 Pressure Outlet，拉瓦尔喷头剩余表面设置为壁面 Wall。

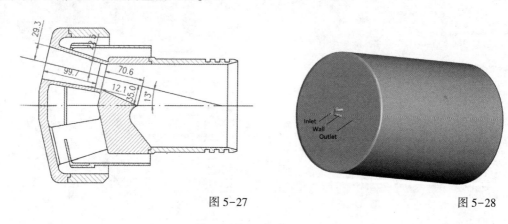

图 5-27   图 5-28

5.4.2 建立模型

5.4.2.1 创建几何实体

在本例中，由于仅模拟超声速射流从喷孔喷出后射流的扩散流动情况，故将转炉简化为圆柱体。在建立模型时，若为不规则体，可采用自底而上建模方式。遵循点-线-面-体的几何生成方法。首先根据实际物体尺寸创建几何关键点，由点连接生成线，再由线生成面，最后由面生成体；若为规则体，如正方体、圆柱体及圆台等，可设定具体参数直接生成。本例采用直接生成体。将拉瓦尔喷孔看作一个圆柱体（喉口）和两个圆台（收缩段和扩张段）的组合。具体操作步骤如下：

步骤一 点击 ⬛ 里面的直接生成体选项 ▱ 中的 ▭ 下拉菜单中的圆柱及圆台，输入相应参数，点击 Apply 生成体，最后结果如图 5-29（b）所示。

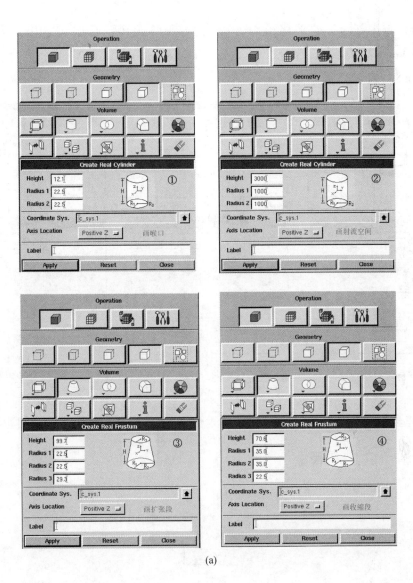

(a)

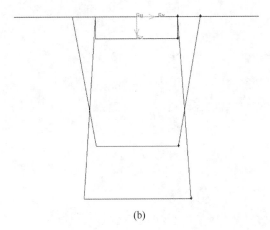

(b)

图 5-29

步骤二 点击 ⬚ 下的平移操作 ⬚，输入平移距离；通过 ⬚ 中联合布尔操作 ⬚，在 Volumes 中选择三个独立体（两个圆柱和圆台），点击 Apply 将其合成为一个体即拉瓦尔喷头，结果如图 5-30（b）所示。

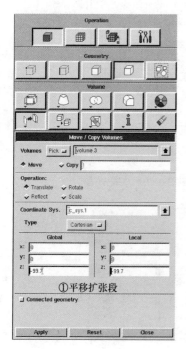 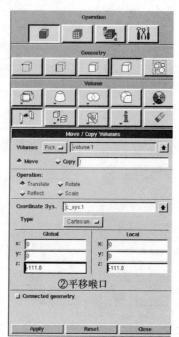 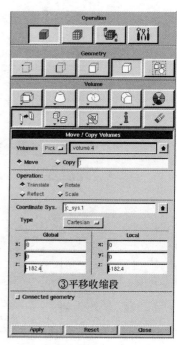

(a)

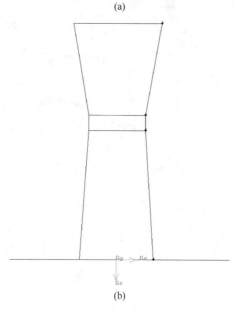

(b)

图 5-30

步骤三 点击为 ⬚ 下的 ⬚，点击旋转打开如图 5-31（a）所示设置框，在 Volumes 中选择喷头这个体，输入旋转角度-13°，设置旋转轴为 Y 轴正方向，点击 Apply 结果如图 5-31（b）所示。

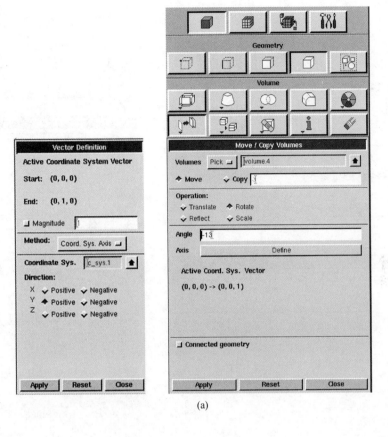

(a)

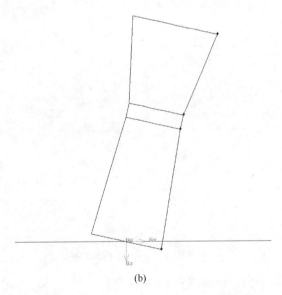

(b)

图 5-31

步骤四 点击 ▭ 中的 ⓘ，在 Vertices 中选择收缩段最右侧边界点，然后点击 Apply，左下角文本框输出点的坐标，然后点击 ▭ 下的 ⬛，将喷头根据右边界点坐标 信息平移至中心线如图 5-32（b）所示。

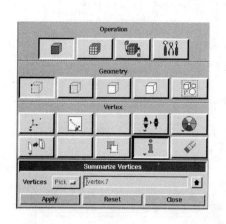

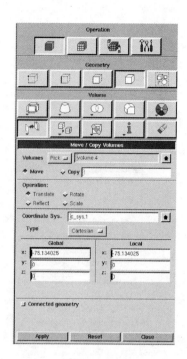

(a)

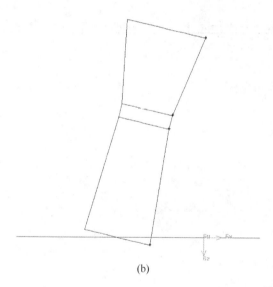

(b)

图 5-32

步骤五　点击 ⬚ 下的 🔲，选中喷孔，点击 Copy（复制）并输入 3，输入旋转角度 90°，定义旋转轴 Z 轴正方向，点击 Apply，结果如图 5-33（b）所示。

步骤六　在绘制完成后进行局部修补，四个拉瓦尔喷孔上部有重合部分，由于伸缩段长度不影响出口速度，故为了方便网格划分，将重合部分删除。点击 ⬚ 中的 🔲 创建无限大平面，将平面以 Y 轴正方向为旋转轴旋转 13°，向 Z 轴负方向平移 135，然后点击 ⬚ 中的 🔲，选择对应喷孔，点击 Apply 用面切割成两部分；然后将平面以 Z 轴正方向

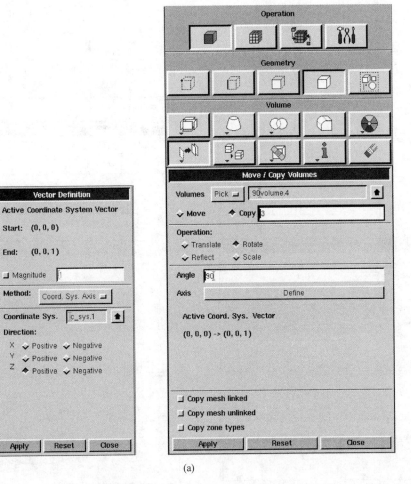

(a)

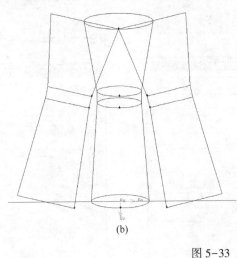

(b)

图 5-33

为旋转轴旋转 90°，复制 3 个，依次将其余喷孔切分，点击 ⬚ 中的 ✦ 删除重合体，最后用 ⬚ 中的 ✦ 删除无限大平面，结果如图 5-34 （c）所示。

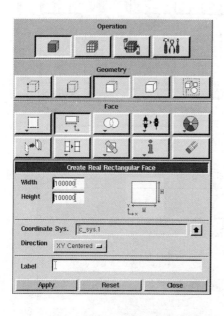

(a)

(b)

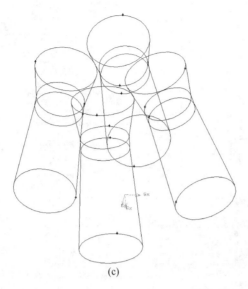

(c)

图 5-34

步骤七 对于用于 CFD 的几何模型而言，连通性的概念非常重要，当两个面的某条边或两个体某个面重合时，流体如果要从这条边或这个面通过，则这条边或这个面应该是连通的。在本例中，喷孔出口与圆柱上表面应该是连通的。一种方法是通过连通操作将重合的点线面连通；另一种方法是通过联合布尔操作将两个体合成一个体，再用一个无限大平面将该联合体在重合面处切开。本例使用第二种方法。点击 ▢ 下的 ⬛，将四个喷孔向下平移 8，使其喷孔出口全部进入射流空间中；选择联合布尔操作 ◯◯，在 Volumes 中选择四个喷孔以及射流圆柱空间五个体点击 Apply 联合成一个体；点击 ▢ 中的 ⬛ 创建无限大平面；先点击 ▢ 中的 ⬛，选择面切分，最后用 ▢ 中的 ✐ 删除无限大平面，结果如图 5-35（b）所示。

选择四个喷孔

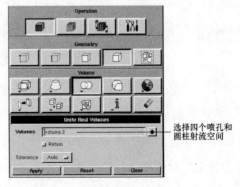

选择四个喷孔和
圆柱射流空间

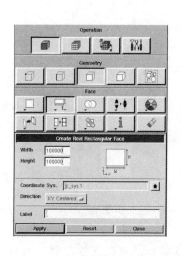

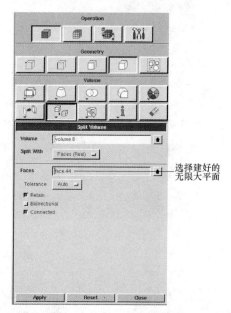

选择建好的
无限大平面

(a)

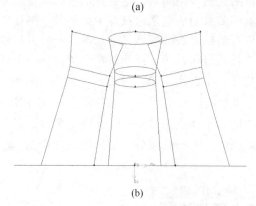

(b)

图 5-35

步骤八 几何模型建立完成后，为了更好地进行网格划分，必须将几何体划分成块。由于喷孔出口处速度差较大，为了更精确的模拟速度变化，此处网格划分应较密，故将无限大射流空间圆柱体划分成内外两个圆柱。然后将内外两个圆柱体利用无限大平面进一步划分块，具体步骤如下：点击 ▣ 里面的直接生成体选项 ▢ 下拉菜单中的圆柱，创建一个包含喷孔出口的圆柱，然后点击 ▢ 中的 ▤，用创建好的圆柱切分射流空间圆柱；点击 ▢ 中的 ▤ 创建两个无限大平面（XZ 平面和 YZ 平面），点击 ▢ 中的 ▨，设置旋转角度 45°，旋转轴为 Z 轴正方向，将两个无限大平面旋转，点击 ▢ 中的 ▤，用旋转后的无限大平面重复操作切分将两个圆柱切分别切成 4 块，最后用 ▢ 中的 ✐ 删除无限大平面，结果如图 5-36（c）所示。

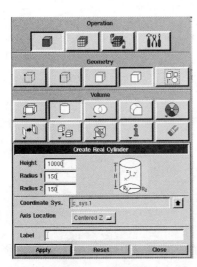

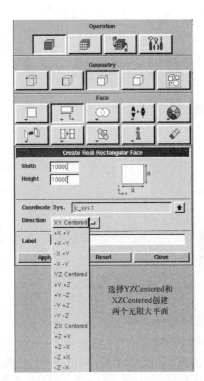

(a)

(b)

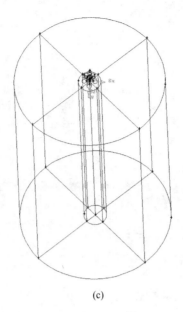

(c)

图 5-36

5.4.2.2　划分网格

A　划分线网格

单击网格划分  中的线网格划分 里的划分节点 ，按住 Shift 选择线，Edges
中选择每个喷孔的四个圆，然后选择间隔划分，输入间隔数 28，其余选择默认，点击 Apply。重复上述操作，分别将其他线划分节点，其中外围圆柱底面 1/4 周长每段间隔数为
30，外围圆柱半径间隔数为 16，内部圆柱底面 1/4 周长每段间隔数为 16，内部圆柱半径
间隔数为 14，结果如图 5-37（b）所示。

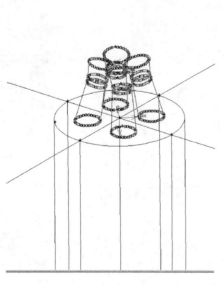

(a)

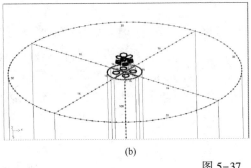

图 5-37

B 划分面网格

单击网格划分 ▦ 中的面网格划分 ▢ 里的划分面 🖌 打开面划分设置面板，按住 Shift 选择面，设置面上网格的类型（Elements）为 Quad，网格划分方法（Type）为 Pave，其余选项默认，点击 Apply 划分面网格。重复上述操作，将射流空间圆柱上表面划分，设置面上网格的类型（Elements）为 Quad，网格划分方法（Type）为 Pave，其余选项默认，结果如图 5-38（b）所示。

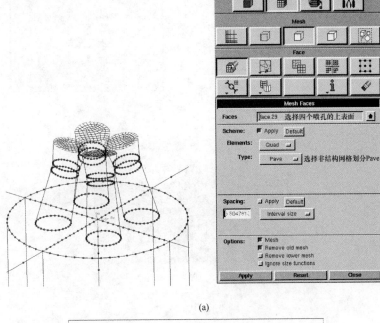

(a)

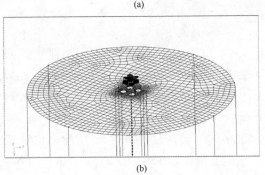

(b)

图 5-38

C 划分体网格

单击网格划分 ⊞ 中的体网格划分 ⬚ 里的划分体 ⬛ ，打开体划分设置面板，按住 Shift 选择体，在 Volumes 选择四个喷孔，设置网格类型（Hex 六面体等）为 Hex/Wedge，划分方式设置为 Cooper，在 Sources 源面里面选择圆柱上下表面作为源面（如果选择一个体，用户自定义源面，如果选择多个体，系统自动识别源面），点击 Apply 划分体网格。重复上述操作，先选择内部圆柱四个体点击 Apply 划分，再选择外部圆柱四个体点击 Apply 划分，结果如图 5-39（b）所示。

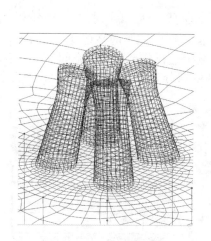

(a)

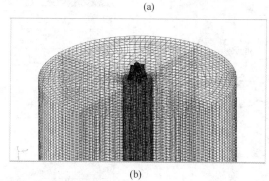

(b)

图 5-39

D 检查网格质量

单击右下角检查图标，在 Display Type（显示类型）选项中选择 Range，在 3D Elements 中选择全部单元，在 Quality Type 中选择 Equilangle Skew，其余选项默认，点击 Update 显示网格质量，其中蓝色网格质量好，紫色网格质量较差（图 5-40）。

5.4.2.3 创建边界条件

点击定义边界条件 ▦ 中的 ▦ ，打开如图 5-41 所示设置选项框。点击 Add 增加新的边界条件，在 Name 中输入边界名称 Inlet，在 Type 中选择边界条件类型为 Pressure-inlet（压力入口），最后在 Faces 中按住 Shift 选择四个喷孔的上表面，点击 Apply 应用；点击

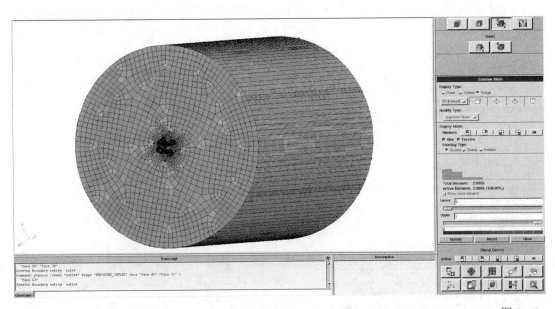

图 5-40

Add 增加新的边界条件，在 Name 中输入边界名称 Outlet，在 Type 中选择边界条件类型为 Pressure-outlet（压力出口），最后在 Faces 中按住 Shift 选择射流圆柱体的所有表面（不包括四个喷孔下表面），点击 Apply；点击 Add 增加新的边界条件，在 Name 中输入边界名称 Wall，在 Type 中选择边界条件类型为 Wall（壁面），最后在 Faces 中按住 Shift 选择四个喷孔的侧面，点击 Apply。

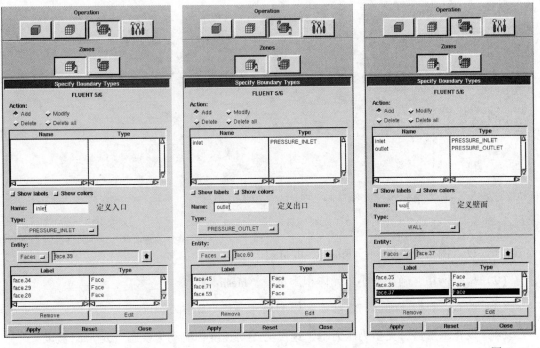

图 5-41

边界条件定义完成后点击左上角 File，下拉菜单中选择 Export/Mesh 输出网格文件。

5.4.3 求解计算

5.4.3.1 常规设置（图 5-42）

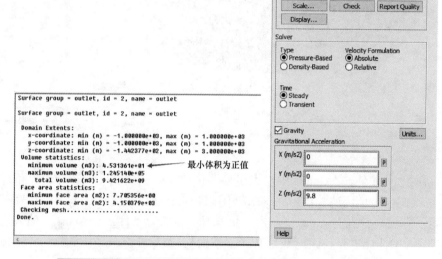

图 5-42

（1）读入网格文件 .msh，File/Read/Mesh。

（2）检查网格，确保最小单元体积为正值，Mesh/Check。

（3）检查计算域，确保与实际研究模型尺寸一致，Mesh/Scale。

（4）设置求解器，类型为压力基，速度为绝对速度，流动为稳态（定常）流动。

5.4.3.2　模型设置（图 5-43）

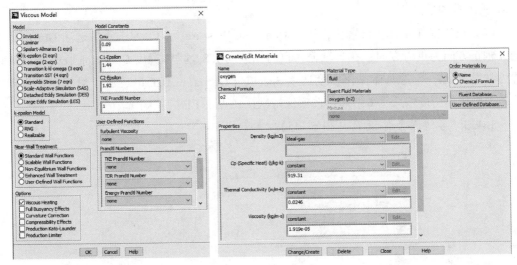

图 5-43

（1）激活能量方程，Define/Models/Energy。

（2）定义湍流模型，Define/Viscous。

湍流模型选择标准 $k-\varepsilon$ 模型 Standard k-epsilon，近壁面处理选择标准壁面函数 Standard Wall Functions，勾选黏性加热项 Viscous Heating，其他选项保持默认，点击 Close 关闭选项框。

5.4.3.3　材料设置

点击 Fluent database，从数据库中选择氧气，点击 Copy 复制，设置氧气为理想气体，其余参数保持默认，点击 Change/Create 保存设置，点击 Close 关闭选项框。

5.4.3.4　内部区域条件设置（图 5-44）

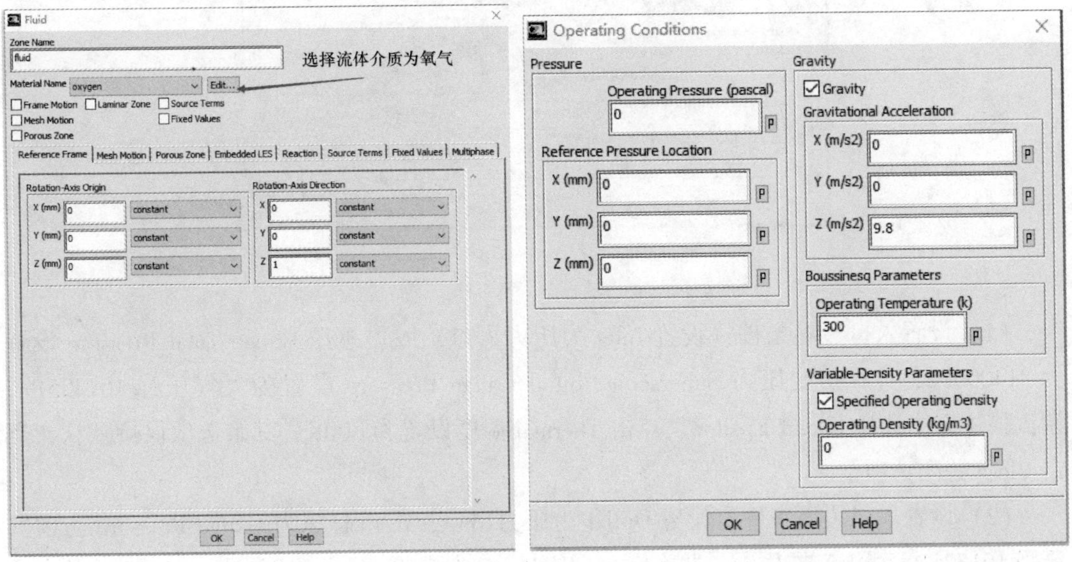

图 5-44

（1）设置流体区域介质。选择流体区域介质材料为氧气，其余选项保持默认，点击 Close 关闭选项框。

（2）设置操作条件。设置操作压力 Operating Pressure 为 0。勾选重力选项 Gravity，本例 Z 轴正方向为重力方向，在 Z 轴输入重力加速度 9.8。操作温度 Operating Temperature 设置为常温 300K。勾选具体操作密度选项 Specified Operating Density，由于氧气设置为理想气体，故操作密度输入为 0，其余选项保持默认，点击 Close 关闭选项框。

5.4.3.5　边界条件设置（图 5-45）

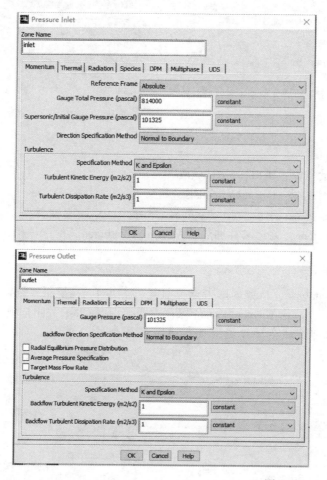

图 5-45

（1）设置入口边界条件：设置 Inlet 为压力入口，入口总压 Gauge Total Pressure 设置为 814000Pa，计算初始压力 Supersonic/Initial Gauge Pressure 设置为大气压强 101325Pa，湍流描述方法选择 K and Epsilon。点击 Thermal 温度设置为 300K，其余选项保持默认，点击 Close 关闭选项框。

（2）设置出口边界条件：设置 Outlet 为压力出口，出口总压力 Gauge Pressure 为大气压强 101325Pa，湍流描述方法选择 K and Epsilon。点击 Thermal 温度设置为 300K，其余选项保持默认，点击 Close 关闭选项框。

（3）设置壁面边界条件：剪切条件勾选无滑移选项 No Slip，其余选项保持默认，点击 Close 关闭选项框。

5.4.3.6　求解方法及求解控制设置（图 5-46）

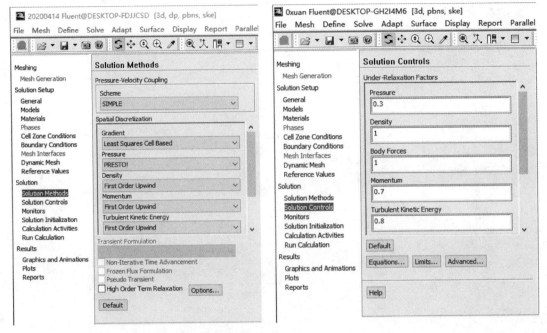

图 5-46

（1）算法采用 SIMPLE 算法，梯度插值方法选择 Least Squares Cell Based，压力插值方法选择 PRESTO!，其余物理量均选择一阶迎风格式 First Order Upwind。

（2）松弛因子默认参数不变。

5.4.3.7　运行计算（图 5-47）

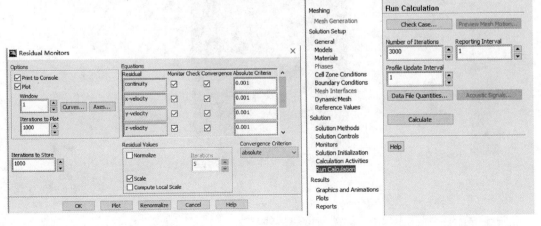

图 5-47

（1）残差除能量方程取 10^{-6}，其余方程都取 10^{-3}，其余选项保持默认，点击 Close 关闭选项框。

（2）设置迭代次数为 3000，其余选项保持默认，点击 Calculate 开始计算。

5.4.4 模拟结果

设置求解计算步数 3000 步，在计算 1000 步左右已收敛，残差监视窗口如图 5-48所示。

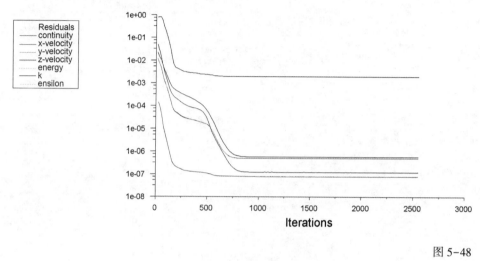

图 5-48

图 5-49 为氧枪喷孔中心面速度等值线云图。

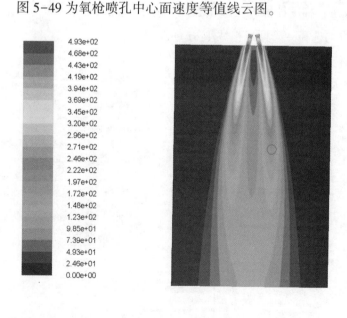

图 5-49

图 5-50 为距喷孔出口 0.5m 处速度等值线云图。

图 5-51 为氧枪喷孔中心面动压等值线云图。

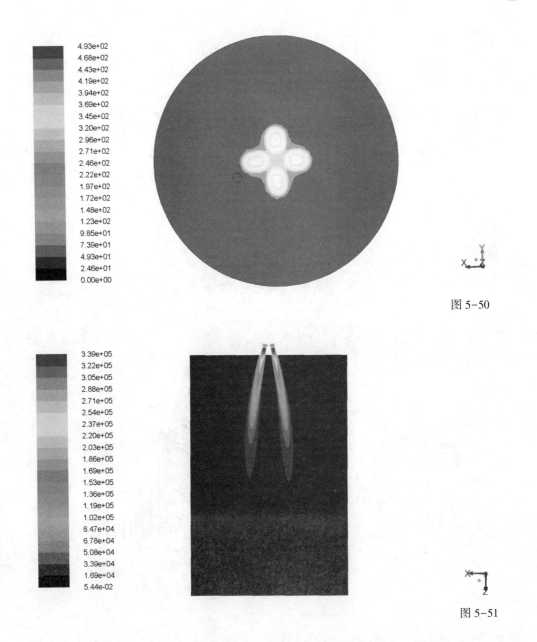

图 5-50

图 5-51

图 5-52 为氧枪喷孔中心面速度矢量图。

图 5-53 为氧枪喷孔中心面流速分布散点图。

5.4.5 实例小结

通过数值模拟分析了氧枪自由射流，高压氧气进入拉乌尔喷孔后，压力能转变为动能，到喷孔出口处速度增至 500m/s 左右。射流继续前进过程中，在射流边界上，由于黏性作用，射流与周围介质发生湍流混合，进行能量交换，使射流减速的同时流股自身沿射流方向质量流量不断增加，流股横截面积增大，流股速度逐渐减小。

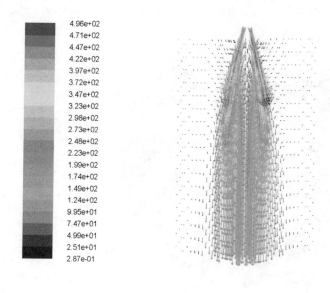

图 5-52

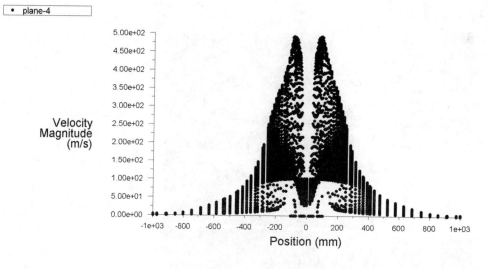

图 5-53

5.5 连铸结晶器流场-温度场模拟

5.5.1 问题描述

结晶器是连铸设备中最关键的部件，被称为连铸机的"心脏"。钢液在结晶器内的流动、传热对夹杂物的上浮效率、保护渣的熔化状态以及初生坯壳均匀性有较大影响。研究钢液在结晶器的流动、传热为调整连铸工艺参数提供重要的依据。本节以 $\phi380\text{mm}$ 连铸圆坯为例，介绍利用 Fluent 模拟钢液在结晶器中的流场-温度场的步骤。基于本节模型，还可研究不同水口形状、水口浸入深度、拉速、过热度、冷却水量等因素对钢液在结晶器中传热及流动的影响。

圆坯及水口物理模型如图 5-54 所示，几何模型参数见表 5-1。

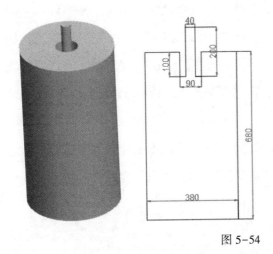

图 5-54

表 5-1　几何模型参数　　　　　　　　　　　　　（mm）

项　目	参数	项　目	参数
结晶器长度	680	水口外径	90
结晶器铜管厚度	30	水口插入深度	100
水口内径	40	水口高度	200

在实际生产中，钢液在结晶器中的行为极为复杂，模型不考虑钢液凝固、结晶器振动、电磁搅拌等因素的影响。ϕ380mm 圆坯主要生产工艺参数见表 5-2。

表 5-2　圆坯主要生产工艺参数

工　艺	值
浇铸温度/K	1803
拉速/m·min^{-1}	0.6
结晶器水量/L·min^{-1}	3300
结晶器冷却水温差/K	5

5.5.2　建立模型

Pro/Engineer 作为机械 CAD/CAE/CAM 领域的主流软件之一，具有先进的参数化设计、基于特征设计的实体造型和便于移植设计思想的特点，软件用户界面友好，可为不同数值模拟软件提供多种格式的文件。本节介绍利用 Pro/Engineer 建立圆坯几何模型的过程。

打开 Pro/Engineer 后，点击文件—新建—零件，定义项目名称后，取消勾选使用缺省模板，选取 mmns（选取单位制），如图 5-55 所示。

几何模型建立过程如图 5-56 所示。

（1）建立铸坯主体：依次点击右侧拉伸、放置，选择 Front 界面，草绘，确定拉伸界面方向及初始位置；点击右侧"圆"，选择坐标中点为圆心，直径输入 380，点击右下侧对勾，完成草图绘制；输入铸坯高度，点击右上侧对勾，完成主体部分绘制。

（2）建立水口外径：按照以上步骤，画水口外径，注意放置位置为铸坯上表面，绘制完成后，依次点击改变方向，移除材料，完成挖孔。

（3）建立浸入水口：以水口外径底部为放置位置，绘制浸入水口，完成几何模型绘制。

依次点击文件，保存副本，选择 igs 格式，完成几何模型输出（图 5-57）。

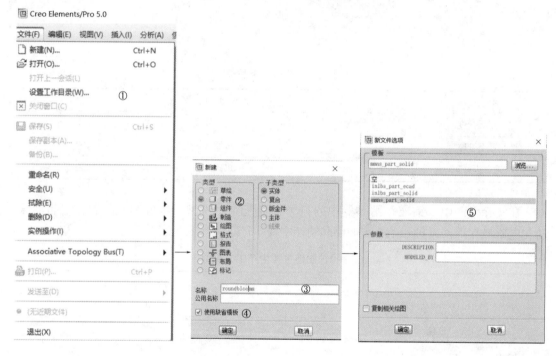

图 5-55

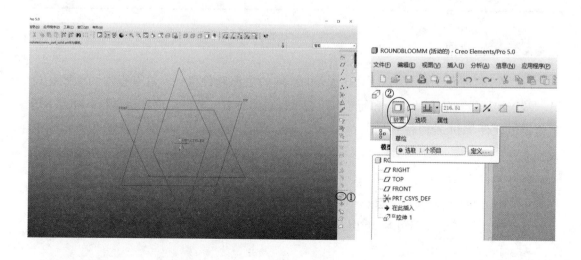

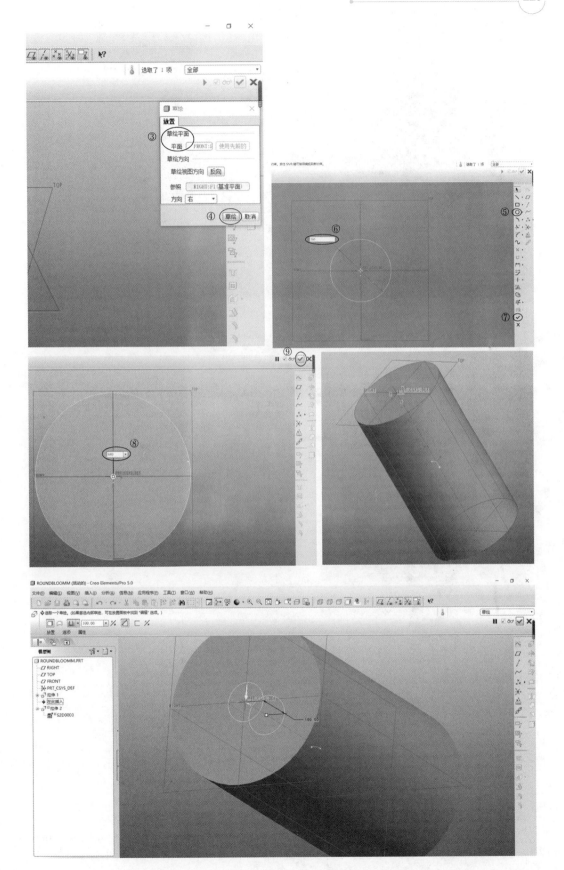

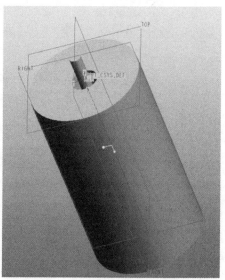

图 5-56

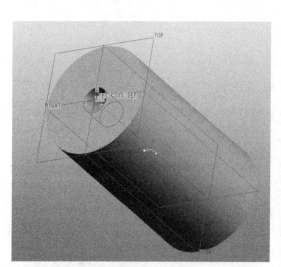

图 5-57

5.5.3　网格划分

网格采用 Workbench 自带网格模块进行划分，主要过程如下。

5.5.3.1　导入几何模型

打开 Workbench 后，将 Fluid Flow（Fluent）拖动至项目中，右击 Geometry，Import Geometry，Browse 选择上节输出的几何模型文件，完成几何模型的导入（图 5-58）。

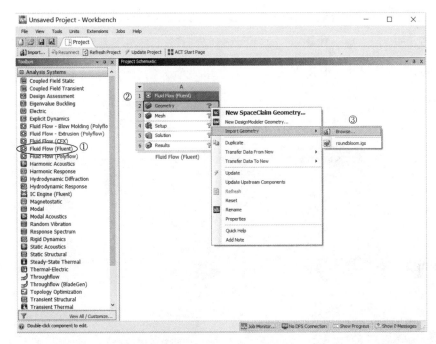

图 5-58

5.5.3.2　划分网格

双击 Mesh 后进入网格划分模块，网格划分过程如下：

（1）更改单位：单击右侧模型树中 Geometry 按钮，然后点击工具栏 Units，设置单位为 mm 制（图 5-59）。

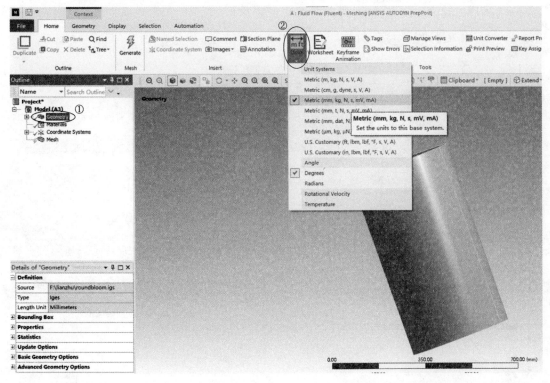

图 5-59

（2）设置网格划分方法：点击右侧模型 Mesh，进入网格划分模块，点击工具栏 Body，选择几何体，点击 Insert→Method，选择网格划分方法，在左下方 Method 处下拉选择 Multizone（六面体网格划分，图 5-60）。

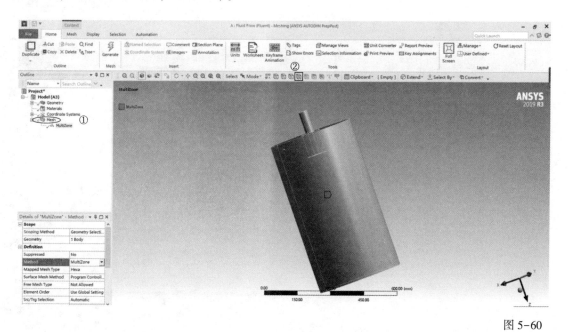

图 5-60

（3）定义网格划分尺寸：单击模型，右击选择 Insert→Sizing，在 Element Size 填入 10mm（水口内径半径为 20mm，因此网格尺寸要小于半径）。单击 Mesh，工具栏上方 Generate Mesh，生成网格（图 5-61）。

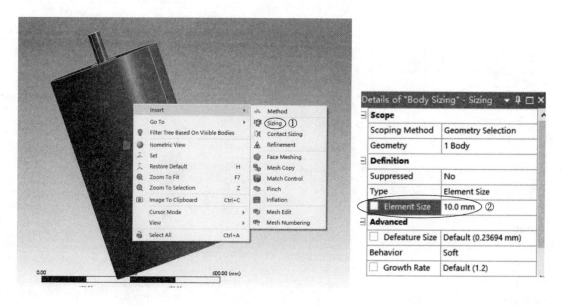

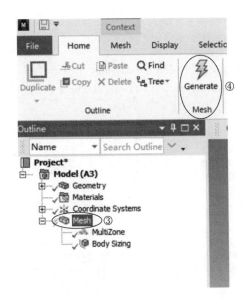
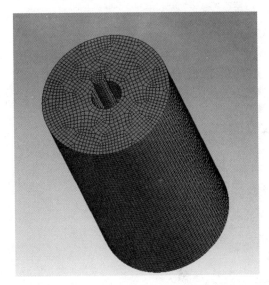

图 5-61

5.5.3.3　创建边界条件

单击工具栏 Face 选项，选择浸入水口上表面，右键选择 Create Named Selection，并输入 in，点击 OK。然后依次定义底面为 out，侧面为 wall，其余面为 wall1（选取多个面时需同时按住 Ctrl）。选择 Body，选取整个几何模型，定义为 Steel（图 5-62）。

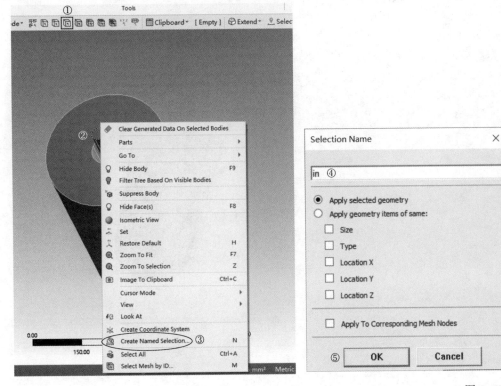

图 5-62

5.5.4 设置求解

5.5.4.1 常规设置

网格绘制完成后，右键单击 Mesh，点击 Update，将网格导入 Fluent 中（图 5-63）。

启动 Fluent 软件。依次点击 Double Precision，Parallel（Local Machine），在 Solver Processes 处根据计算机 CPU 选择处理核心数，本文选用 4（图 5-64）。

图 5-63

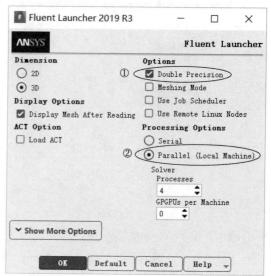

图 5-64

启动 Fluent 后，首先要检查网格是否合格，点击 Task Page 中 Check 检查网格，最小值若为负数，重新划分网格（图 5-65）。

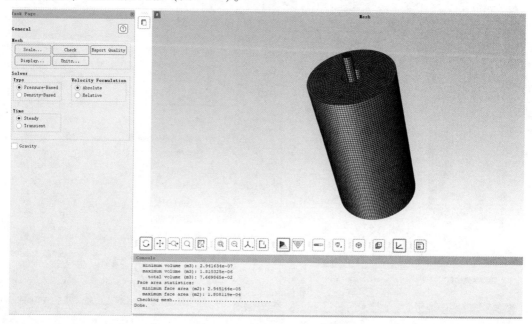

图 5-65

点击 Scale 检测几何模型单位是否改变，如几何模型参数未改变，不做修改（图 5-66）。

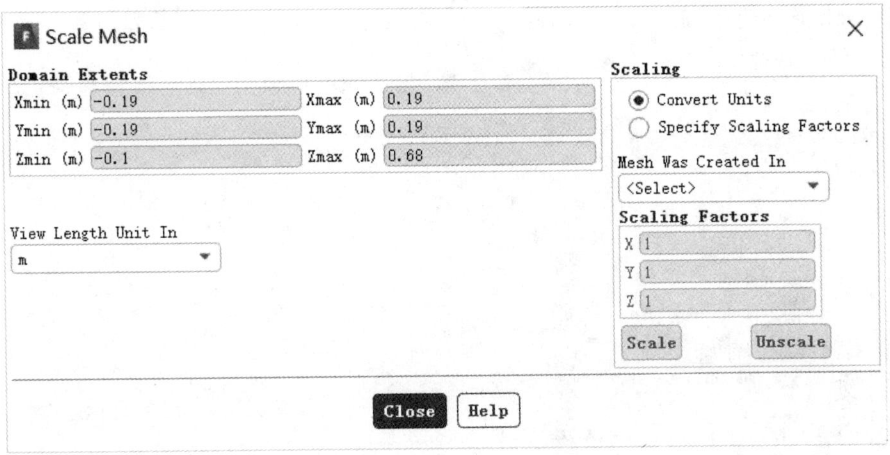

图 5-66

在 Task Page 中勾选重力选项 Gravity，在 Z 方向输入 9.8（重力方向与模型相关），加载重力（图 5-67）。

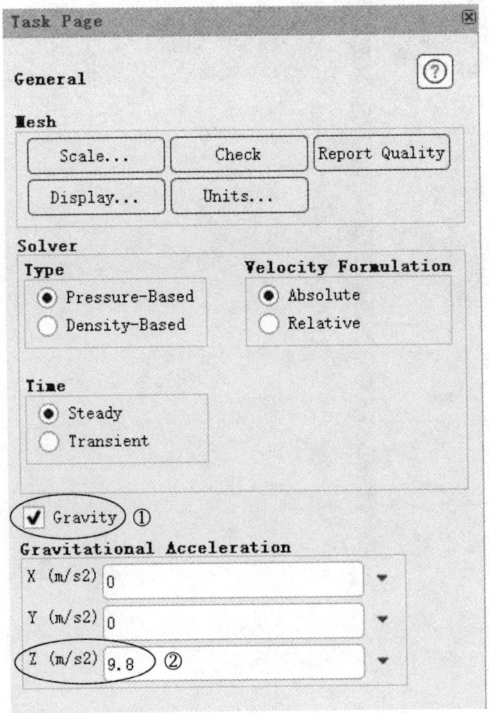

图 5-67

其他选项保持默认，设置求解器类型为压力基，速度为绝对速度，流动为稳态流动。

5.5.4.2 模型设置

依次点击模型树中 Models→Energy，勾选 Energy Equation，打开能量方程（计算传热，图 5-68）。

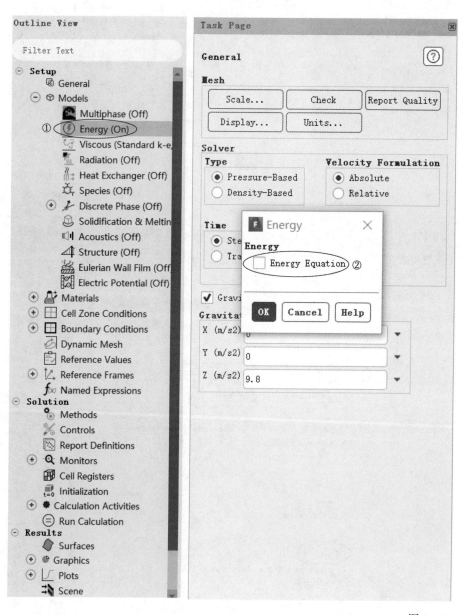

图 5-68

点击模型树中 Viscous，选择标准 k-ε 方程（计算流动），其他参数保持默认即可（图 5-69）。

图 5-69

5.5.4.3 材料设置

新建钢液材料，并设置物性参数，依次单击模型树中 Materials→Fluid，右键单击选择 New，修改材料名称为 steel 后，填入钢液的物性参数（图 5-70）。

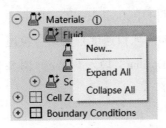

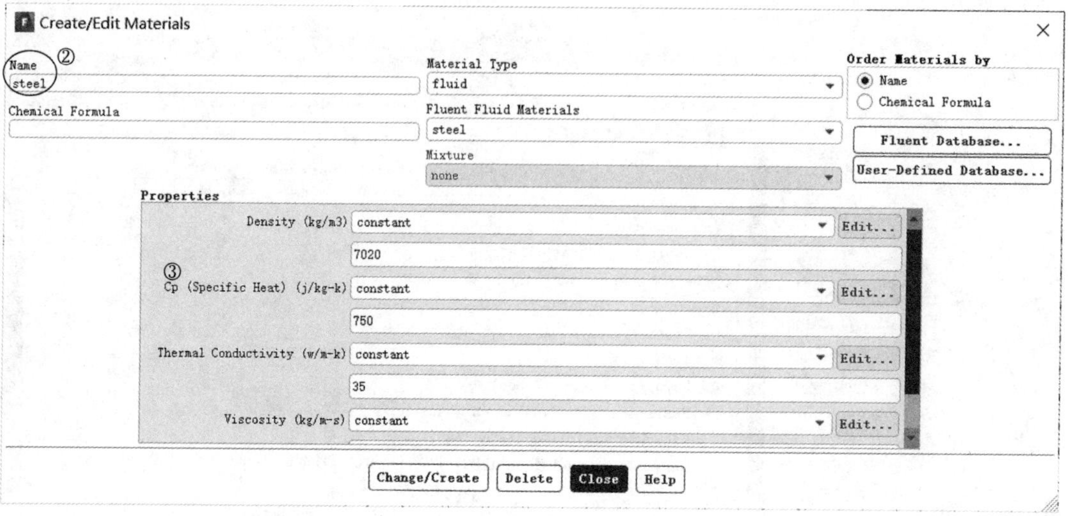

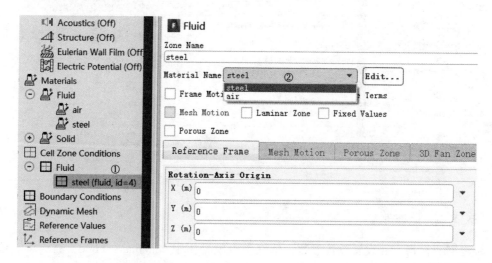

图 5-70

5.5.4.4　内部区域条件设置

在模型树双击 Cell zone Conditions→Fluid→steel，在 Material Name 处下拉选择 steel，即确定计算的材料为 steel（图 5-71）。

图 5-71

5.5.4.5　边界条件设置

设置边界条件。双击模型树中 Boundary Conditions，选择 in，并下拉 Type 栏选择 velocity-inlet，Velocity Magnitude（入口速度）需结合拉速，根据质量守恒计算。在 Specification Method 下拉选择 K and Epsilon，填入 k 和 ε（图 5-72）。

拉速、k 和 ε 的计算公式如下：

$$v_{\mathrm{in}} = \frac{v_{\mathrm{cast}} R^2}{r_{\mathrm{in}}^2} \tag{5-5}$$

图 5-72

$$k = 0.01 v_{in}^2 \tag{5-6}$$

$$\varepsilon = k^{1.5} / (d_0/2) \tag{5-7}$$

式中，v_{in} 为水口钢液速度，m/s；v_{cast} 为拉速，m/s；R 为圆坯半径，m；r_{in} 为水口半径，m；k 为湍动能，J；ε 为耗散率，%；d_0 为水口当量直径，m。

点击 Thermal，在 Temperature 处输入 1803，设置钢液浇铸温度（图 5-73）。

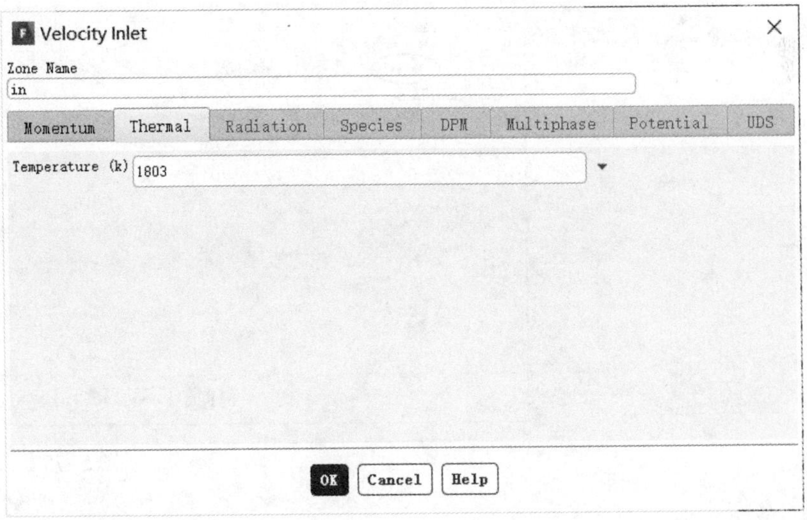

图 5-73

选择 out，在 Type 处下拉选择 Outflow，点击 OK，设置结晶器出口为自由流动（图 5-74）。

设置结晶器壁面散热条件，选择 wall，在 Type 处选择 wall，点击 edit，Thermal，勾选 Heat Flux，输入热流值（图 5-75）。

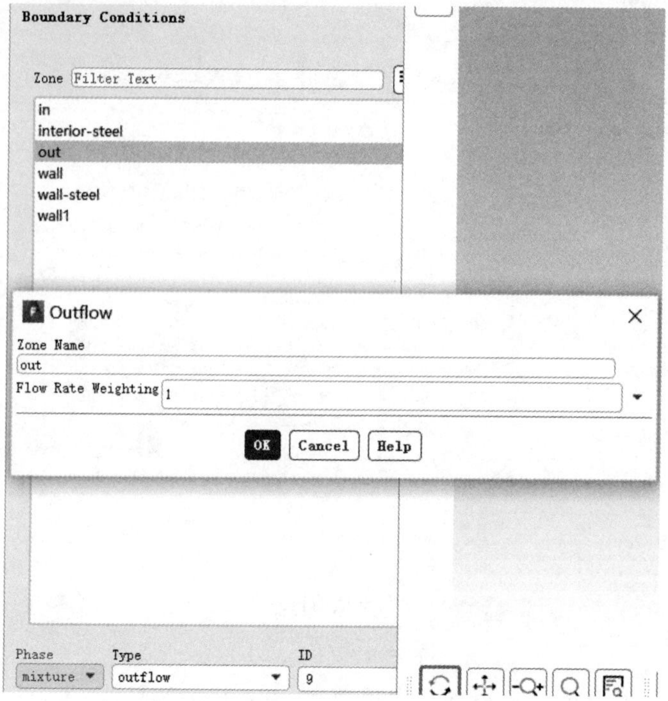

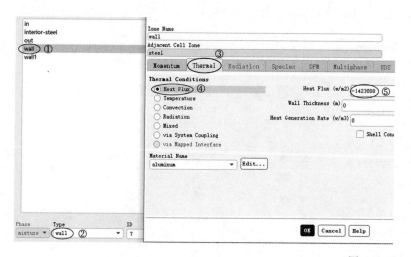

图 5-74

图 5-75

结晶器热流计算公式如下：

$$\bar{q} = \frac{c_{pw}\rho_w Q_w \Delta T_w}{F_m} \tag{5-8}$$

式中，$\bar{q}$ 为结晶器热流，W/m^2；Q_w 为结晶器冷却水的流量，m^3/s；c_{pw} 为水的比热容，$J/(kg \cdot ℃)$；ΔT_w 为结晶器冷却水进出口的温差，℃；F_m 为结晶器有效传热面积，m^2；ρ_w 为水的密度，kg/m^3。

设置结晶器壁面散热条件，选择 wall1，在 Type 处选择 wall，点击 edit，Thermal，勾选 Temperature，在 Temperature 填写 1803，表示弯月面处温度与浇铸温度相同（图5-76）。

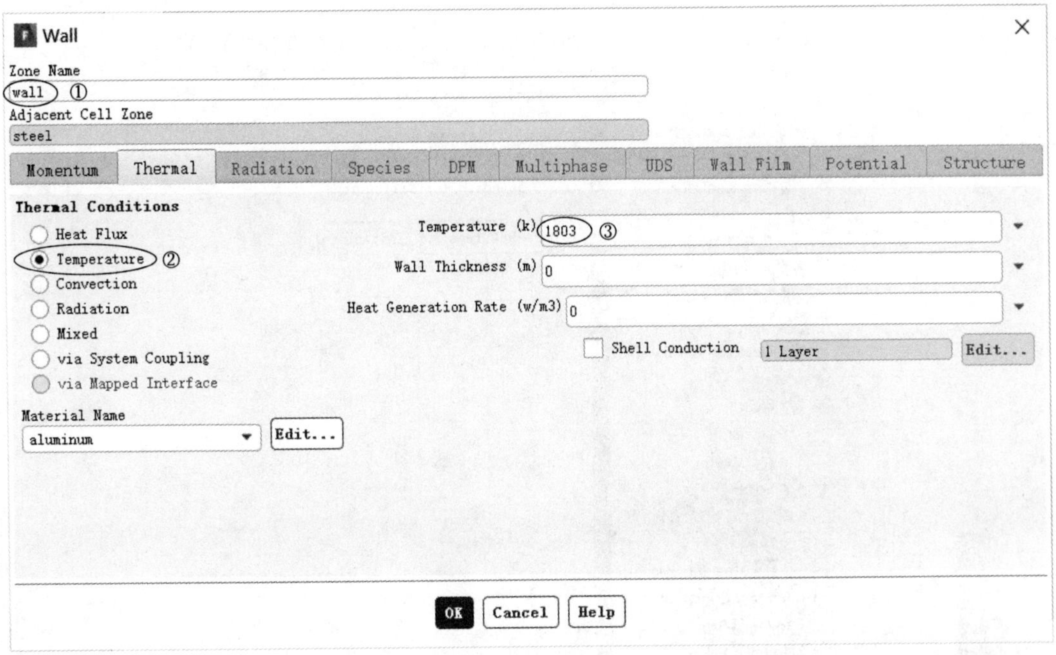

图 5-76

5.5.4.6　求解方法及求解控制设置

算法采用 SIMPLE 算法，松弛因子默认参数不变（图 5-77）。

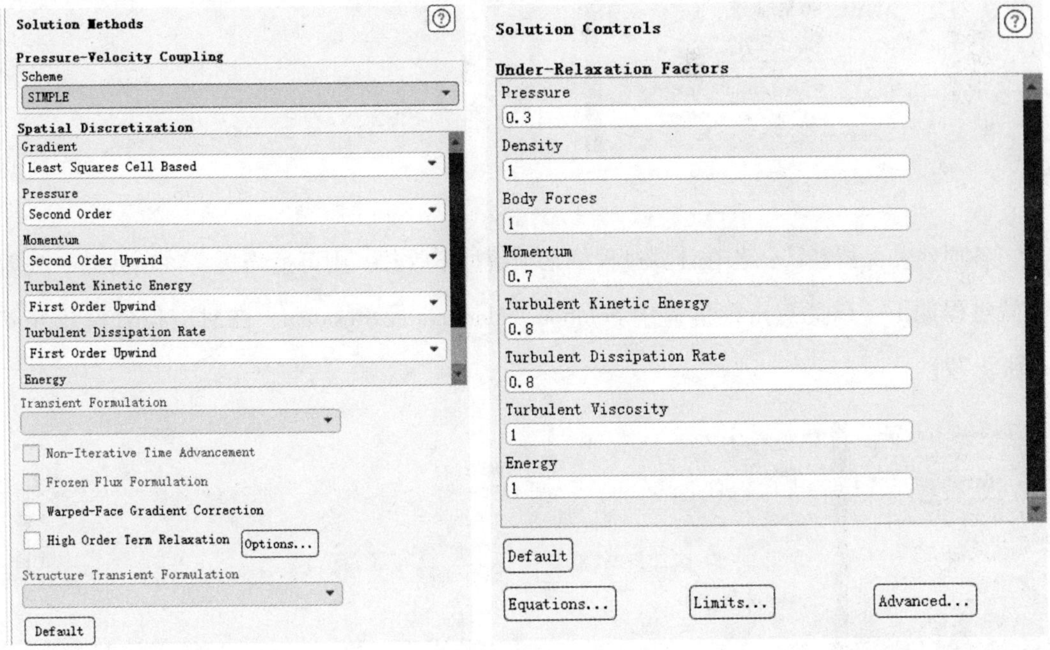

图 5-77

5.5.4.7　初始化及计算

初始化设置，双击模型树处 Initialization，勾选 Hybrid Initialization，点击 Initialize（图 5-78）。

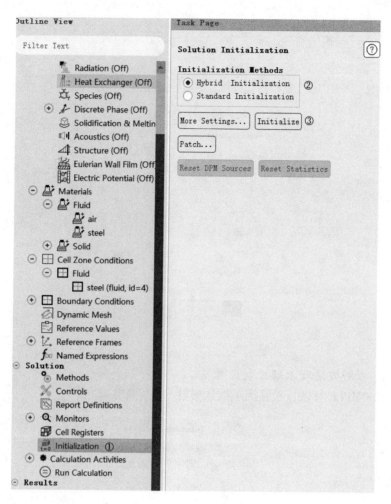

图 5-78

　　各项残差保持默认，若在计算过程中某项数据不收敛，则可适当提高该项残差。残差设置过程如下：以此点击模型树中 Solution、Monitors 及 Residual，在对应位置设置残差（图 5-79）。

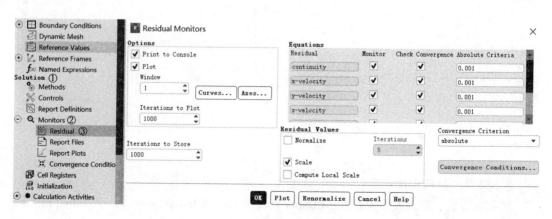

图 5-79

　　双击模型树中 Run Calculation，依次设置时间步长及步数，点击 Calculate 进行计算（图 5-80）。

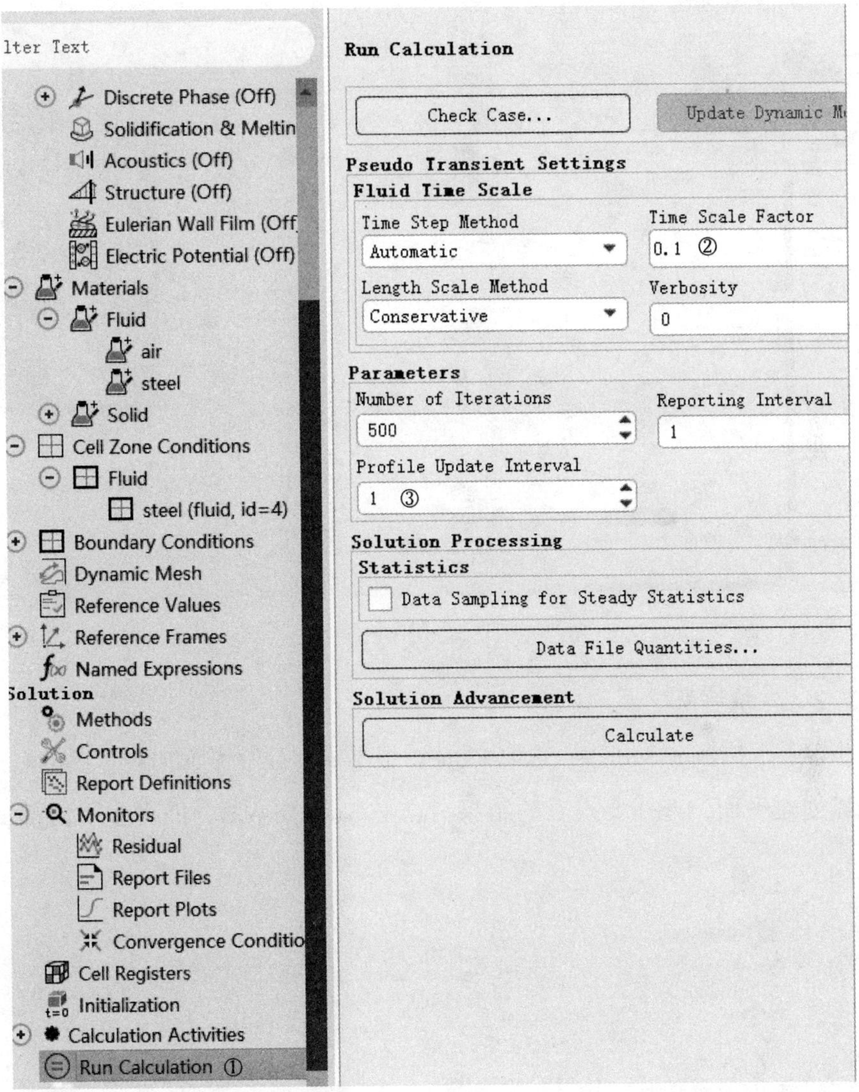

图 5-80

5.5.5　模拟结果

5.5.5.1　三维结果

　　查看步骤：依次点击模型树中 Results、Graphics，双击 Contours，在 Contours of 处下拉选择 Temperature，Static Temperature，选择所有面，单击 Save/Display，即可查看外表面温度分布，如图 5-81 所示。流场查看过程类似，在 Contours of 处下拉选择 Velocity，Velocity Magnitude 即可查看外表面速度分布。

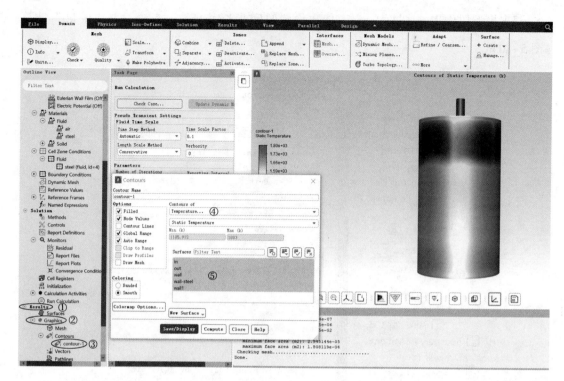

图 5-81

5.5.5.2 二维结果

查看步骤：下拉 New Surface，选取 Plane，根据需求建立平面向量，点击 Create 创建平面。选择创建平面，选择要查看的结果，点击 Save/Display，即可显示内部截面结果（图 5-82）。

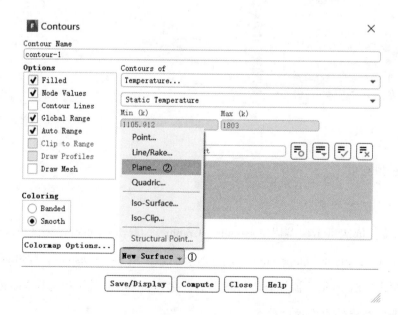

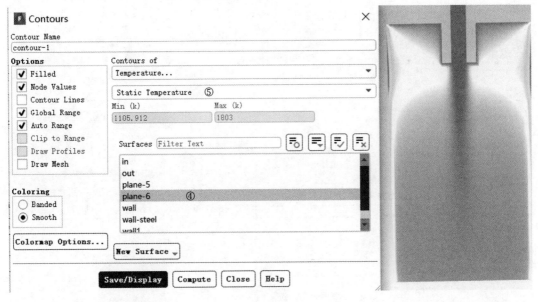

图 5-82

5.5.5.3　一维结果

查看步骤：下拉 New Surface，选取 Line/Rake，根据需求建立空间直线，点击 Create 创建直线。在模型树处点击 Plots，双击 XY Plot，在 Surface 处选择对应直线，选择要查看的结果，修改 Plot Direction Y Axis Function 参数为 0，0，1（与要查看直线的位置相关），点击 Save/Plot 即可显示该线上数值（图 5-83）。

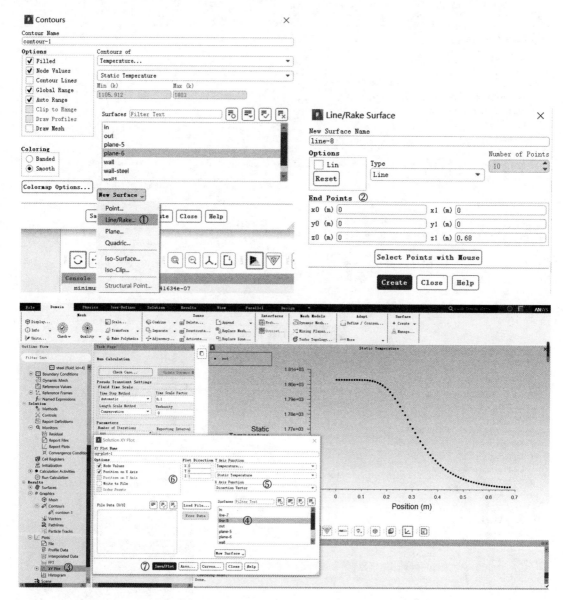

图 5-83

6 FactSage 热力学计算及冶金应用

获取本章
数字资源

1. 热力学计算方法及其在冶金中的意义。
2. FactSage 软件功能。
3. 利用 FactSage 查询及计算热力学参数和物性。
4. 利用 FactSage 计算反应化学平衡以及炉渣相图。
5. 利用 FactSage 绘制优势区图和 E–pH 图。

进行热力学分析是研究化学反应、优化生产工艺的重要方法，手工热力学计算需要耗费大量的时间和精力查询热力学数据并进行复杂的数学运算。将各种热力学数据汇总，建立计算模型，集成计算模块，开发成热力学计算软件提供用户使用，将为科研人员提供极大的方便。以下以 FactSage 软件为例，结合冶金行业的典型应用介绍其用法。

6.1 软件功能

6.1.1 软件基本特点

FactSage 是化学热力学领域中广泛应用的软件，应用范围包括材料科学、冶金、腐蚀、玻璃、燃烧、陶瓷、地质等领域。

FactSage 的优点包括：

（1）操作界面友好。软件由一系列信息数据库、计算及处理模块组成，所有命令与操作均可通过鼠标来完成。

（2）数据库内容丰富。包括数千种纯物质数据库，评估及优化过的数百种金属溶液、氧化物液相与固相溶液、锍、熔盐、水溶液等溶液数据库。

（3）计算功能强大。用户可以计算多种约束条件下的多元多相平衡，还可进行相图、优势区图、电位–pH 图的计算与绘制，热力学优化、作图处理等。

6.1.2 软件模块及用途

FactSage7.1 的打开界面如图 6–1 所示，包含信息查询、数据库、计算和处理等模块。

6.1.2.1 数据库模块

- View Data 模块

用于检索各数据库并显示化合物的标准态热力学性质以及列出数据库中包含的溶液相。

- Compound 模块

用于对用户化合物（纯物质）数据库中的数据进行拷贝、输入、编辑、列出以及存储。用户可通过该模块建立个人化合物数据库。

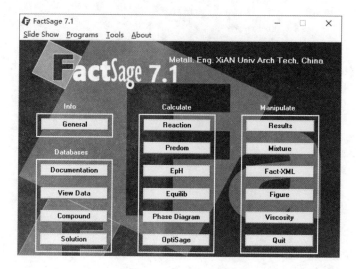

图 6-1

- Solution 模块

用于输入、编辑、列出以及保存用户个人溶液数据库中的非理想性质。

6.1.2.2　计算模块

- Reaction 模块

用于计算一个物种、几个物种的混合或一个化学反应的热力学广延量（H、G、V、S、C_p 等）变化。物种可以为纯元素、计量化合物或者离子（等离子体离子或者水溶液离子）。

- OptiSage 模块

用于从特定的实验数据获得一组互相一致的吉布斯自由能参数。

用于优化的典型实验数据包括：

（1）相图数据：转变温度和压力，平衡相的组成和数量；

（2）量热数据：生成焓、相转变热、混合焓、热含量和比热测量值；

（3）偏摩尔吉布斯能数据：蒸汽压、活度数据等；

（4）容量性质数据：膨胀测量、密度测量等。

优化获得的热力学参数保存在用户个人 Compound 和 Solution 数据库中，这些数据可在其他模块（Equilib、Phase Diagram 等）中使用。

- Predom 模块

用于计算及画出包含 1 个、2 个以及 3 个金属的等温优势区图，计算所采用的数据来自化合物数据库。

- EpH 模块

可以做出包含 1 个金属、2 个金属或 3 个金属的复杂体系的等温电位 pH 值，计算采用的数据来自化合物数据。

- Equilib 模块

用于计算给定元素或者化合物反应尤其是达到化学平衡时各物种的浓度。

- Phase Diagram 模块

计算、绘制和编辑相图的通用程序，相图坐标轴可以为 T、P、V、组成、活度、化学势等各种组合。计算出的相图可以自动在 Figure 模块中作图。可以计算与画出的相图种类包括：经典的单元系温度-压力、二元系温度-组成、三元系等温等压 Gibbs 三角相图、多元系的二维截面、优势区图等。

6.1.2.3 处理模块

- Results 模块

用于对 Equilib 模块（Equi * . res files）的一组计算结果输出进行作图及后处理。

- Mixture 模块

用于编辑 Mixtures 和 Streams 以作为 Equilib 模块的输入。

Mixture 指一组化合物，通常作为 Equilib 模块中的反应物。利用 Mixture 模块，用户可以输入一组反应物后存储为一个混合物文件（* . mix），在 Equilib 模块中通过 Reactants Window 将导入这些混合物文件（* . mix）作为相平衡计算的反应物。

- Figure

通用作图程序，能够显示、编辑以及处理 FactSage 中所生成的各种图形及相图（* . fig 文件）。该程序尤其适合于 Phase Diagram 模块所计算获得的相图。

6.1.3 数据库选择

以下分纯物质、金属溶液、非金属溶液、水溶液和工业应用来介绍，这种分类不是排他性的，例如钢铁用数据库也需要包含一些非金属元素（C、N、O、P、S），但这些非金属元素在计算中只能以小浓度存在。

6.1.3.1 纯物质

FactSage 提供两种纯物质数据库：SGTE 纯物质数据库［SGPS］和 FACT 纯物质数据库［FactPS］。这两个数据库汇编了大量的热力学数据，包含有数千种纯物质的吉布斯自由能函数，但不包含金属溶液、盐溶液等溶液类的数据信息，包括气相，甚至带电气体物质（等离子体）数据。［FactPS］数据库还含有理想水溶液和理想气体混合物的数据。

6.1.3.2 金属溶液

SGTE 溶液数据库［SGTE］是最大的金属溶液数据库，包括 79 个元素和 317 个溶液相的数据。因此，［SGTE］溶液数据库是所有材料设计工作时的首选数据库，尤其是在没有专门的数据库供选择，或者想要使用单个数据库进行不同金属材料的热力学计算时，例如用于高熵合金计算。

FactSage 还有专业的数据库供选择：

- 钢［FSstel］；
- 轻铝、镁或钛合金［FTlite］；
- 铜合金［FScopp］；
- 贵金属合金［SGnobl］；
- 铅合金［FSlead］；
- 焊料合金［SGsold］；
- 超纯硅［FSupsi］；
- 核材料［FTnucl］、［SGnucl］、［TDmeph］、［TDnucl］；

● 综合金属数据库［FTmisc］，包括液态钢、Cu、Pb、Zn、Sn 和 Hg-Cd-Zn-Te 系统；

● Spencer Group 非氧化物耐火材料数据库［SpMCBN］，用于金属和耐火材料如碳化物、硼化物、氮化物和硅化物系统，将金属溶液数据库［SGTE］扩展到了耐火材料。

6.1.3.3 非金属溶液

FactSage 有世界上最大的氧化物数据库［FToxid］，包括 20 种元素、70 种溶液和近 400 种化合物。对于计算熔渣-液态金属平衡时该数据库是最佳选择（结合相应的金属溶液数据库），甚至还可以用来计算渣的黏度。

计算液态钢水和渣的平衡时，对于液态钢水最好选择综合数据库［FTmisc］。该数据库还包含有计算炼钢和热腐蚀中夹杂物形成时的数据。此外还可以用于含铜、铅和锌的冶炼和加工计算，包括锍/渣/金属/黄渣平衡。此外，该数据库还包含有水溶液的数据。

盐数据库［FTsalt］也是该领域可用的最大的热力学数据库，共有 79 种溶液和 221 种化合物的数据，包括 29 种阳离子和 8 种阴离子。

对于在高温下的 Al-(Si-Ca-Mg-Fe-Na)-C-O-N-S 系统，应该使用氧碳氮化物高温数据库［FTOxCN］。

Spencer Group 碳化物-硼化物-氮化物-硅化物数据库［SpMCBN］是针对耐火材料的理想数据库。

6.1.3.4 水溶液

以下数据库包含水溶液：

● FACT 纯物质数据库［FactPS］包含 942 种组元的理想水溶液数据；

● 综合数据库［FTmisc］含有 96 种溶质的非理想水溶液数据，包括其 Pitzer 参数；

● FACT 水溶液数据库［FThelg］包含 1400 种水溶质的理想及非理想水溶液数据，但仅适用于小浓度的情况，该数据库最高可在 350℃和 165bar（16.5MPa）下使用。

6.1.3.5 工业应用

实际工业应用中，必须结合使用多个数据库。例如，为了计算熔渣-液体金属平衡，必须结合使用含有描述熔渣的氧化物数据库和含有描述液态金属溶液的相应数据库。除此之外，针对一些工业应用还提供专门的数据库。例如：

● 氧化铝还原电解槽可使用 Hall-Héroult 数据库［FThall］进行模拟，该数据库可计算液态金属、冰晶石电解液和 Al_2O_3 基氧化物之间的平衡，还可以得到密度和黏度数据；

● 用于硝酸盐基肥料生产的数据库［FTfrtz］，也可用于某些爆炸物；

● 用于纸浆和纸张生产的数据库［FTpulp］，也可用于模拟生物质燃烧中的燃烧和腐蚀相关的过程。

6.2 物质热力学数据查询

热力学参数又称为状态函数，通常指能描述系统热力学性质的参数。对于化学反应的热力学参数通常由热力学手册查表或根据参与反应的物质的基本热力学参数计算得到。

FactSage 软件涵盖大量的热力学数据库，能够提供丰富的物质热力学参数。

6.2.1　利用 View Data 模块查询化合物标准态热力学

通过 View Data 模块可检索各化合物的标准态热力学性质（图 6-2）。

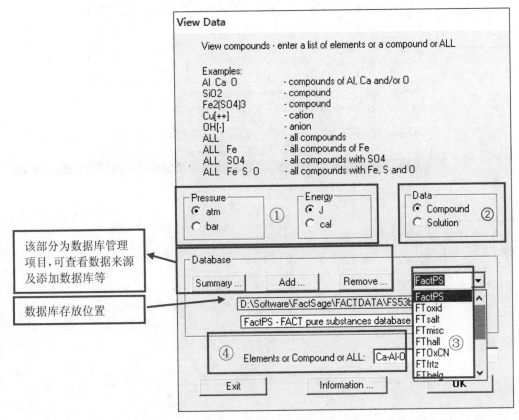

图 6-2

步骤一　进入 FactSage 7.1 界面，选择"View Data"模块。

步骤二　选择压力、能量单位，以及需要计算的体系是化合物还是溶液。

步骤三　选择需要调用的数据库。

步骤四　在框内输入需要查询的体系，如 Ca-Al-O 系，然后直接点击右下角的"OK"。

图 6-3 是 Ca-Al-O 系的查询结果，双击该体系任意物质后可查看其热力学数据。

例如查询到的 Al 的热力学数据如图 6-4 和图 6-5 所示。

也可直接查询某种物质，例如在输入框中填写 SiO_2，查询到的结果如图 6-6 所示。对于 SiO_2，也可查询到其膨胀系数、可压缩性及体积模量等。

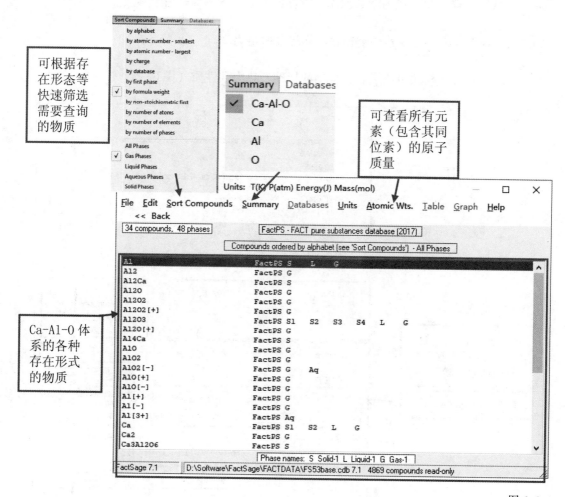

可根据存在形态等快速筛选需要查询的物质

可查看所有元素（包含其同位素）的原子质量

Ca-Al-O 体系的各种存在形式的物质

图 6-3

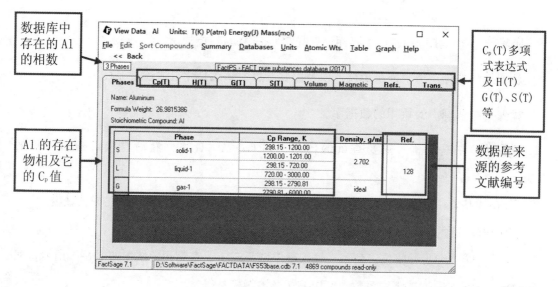

数据库中存在的 Al 的相数

$C_p(T)$ 多项式表达式及 $H(T)$、$G(T)$、$S(T)$ 等

Al 的存在物相及它的 C_p 值

数据库来源的参考文献编号

图 6-4

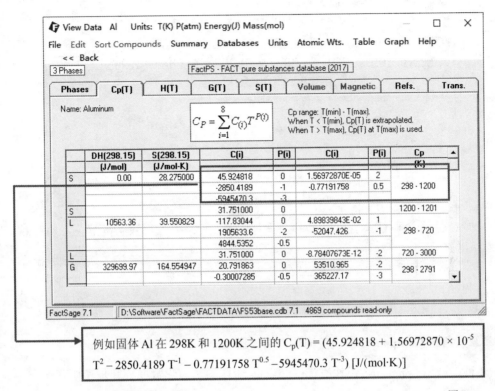

例如固体 Al 在 298K 和 1200K 之间的 $C_p(T) = (45.924818 + 1.56972870 \times 10^{-5}$
$T^2 - 2850.4189\ T^{-1} - 0.77191758\ T^{0.5} - 5945470.3\ T^{-3})$ [J/(mol·K)]

图 6-5

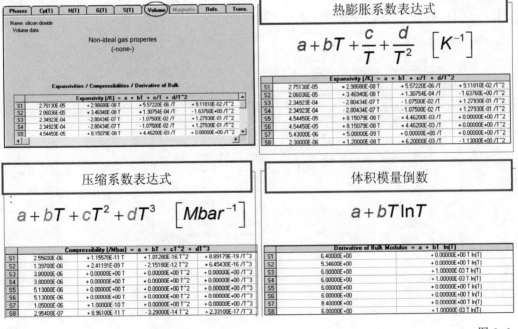

图 6-6

也可查询 Fe 的磁性数据（图 6-7）。

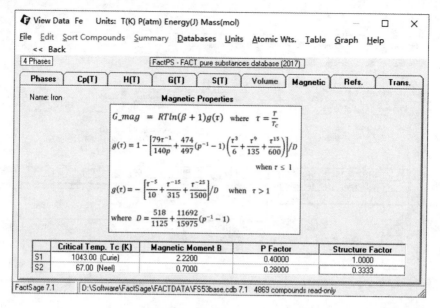

图 6-7

6.2.2　利用 Compound 模块查询热力学数据

还可以利用 Compound 模块查询，如查询 SiO_2 的热力学数据，其步骤如下。

步骤一　进入 FactSage 7.1 界面，选择 "Compound" 模块。

步骤二　在输入框中输入 "SiO_2"。可点击选择需要查看的数据库、不同晶型，以及不同温度的 SiO_2 的 H、S、C_p 等数据（图 6-8）。

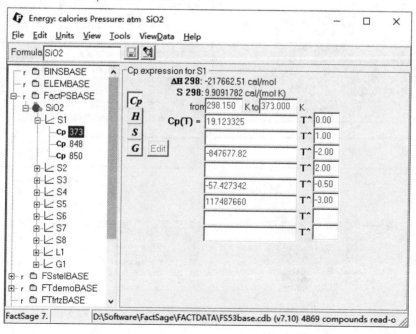

图 6-8

6.2.3 利用 Database Documentation 快速查看常规体系相图

FactSage 内置多个常规体系相图，利用该模块可快速查看。

步骤一 进入 FactSage 7.1 界面，点击左上角的"Slide Show"选择"Database Documentation"（图 6-9）。

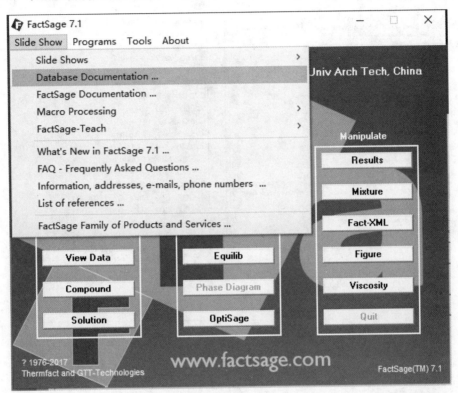

图 6-9

步骤二 例如在输入框中输入"SiO_2"，点击右边的搜索🔍，可查询到数据库中包含"SiO_2"的所有相图（图 6-10）。

当鼠标移动到某个体系时便可预览到该体系的相图（图 6-11）。

若点击该体系便可进入图片处理界面，可在此对相图进一步标注和美化等（图 6-12）。

6.3 化学反应焓计算

FactSage 软件不仅能提供丰富的物质热力学参数，还可快速准确计算化学反应的基本热力学参数，进而判断化学反应的方向和限度。如确定一个化学反应的最佳反应温度和压力，一定温度压力条件下化学反应进行的程度等。

以下示例采用 FactSage 计算 $C+FeO \Longrightarrow Fe+CO$ 反应的 ΔG 和 ΔH。

步骤一 进入 FactSage 7.1 界面，选择"Reaction"模块（注：为避免字体显示不同或识别错误等，在软件所有的模块输入文字时将输入法切换为英文输入法）。

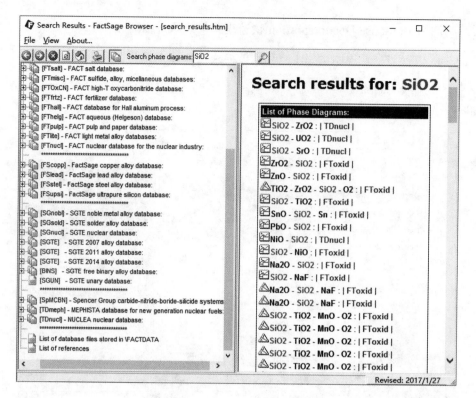

图 6-10

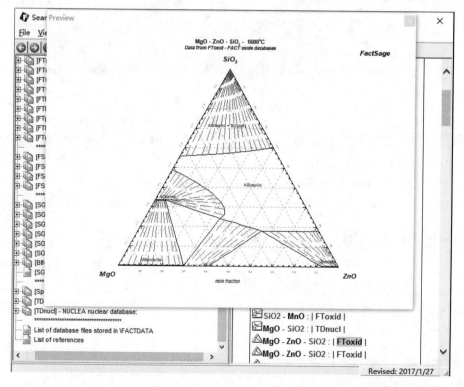

图 6-11

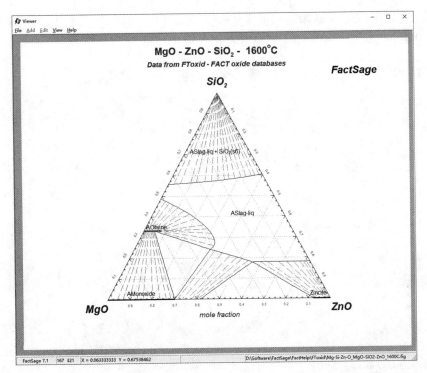

图 6-12

首先点击左上角"Data Search",选择所需数据库,对于该反应,选取 FactPS、FThelg 和 PSstel 三个数据库（图 6-13）。接着在左上角"Units"中 T、P、Energy、Mass 和 Vol

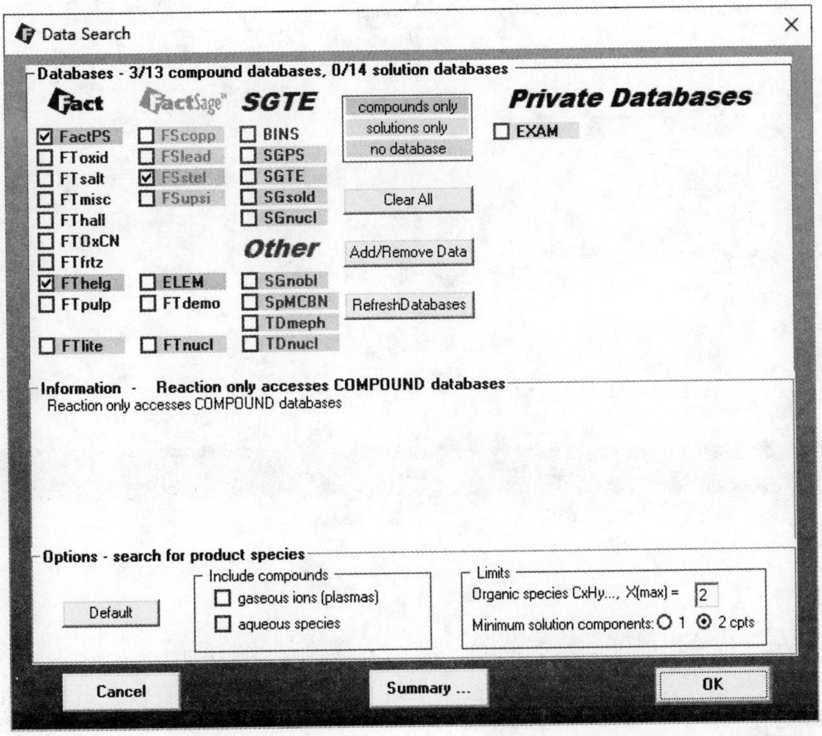

图 6-13

设定单位，然后在 Species 区域输入反应物和生成物（图 6-14）。并在 Mass 区域对反应式配平，在 Phase 区域选择每个物质所存在物相（图 6-15）。

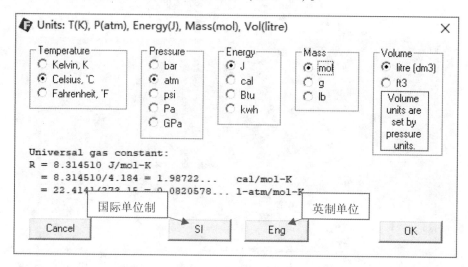

图 6-14

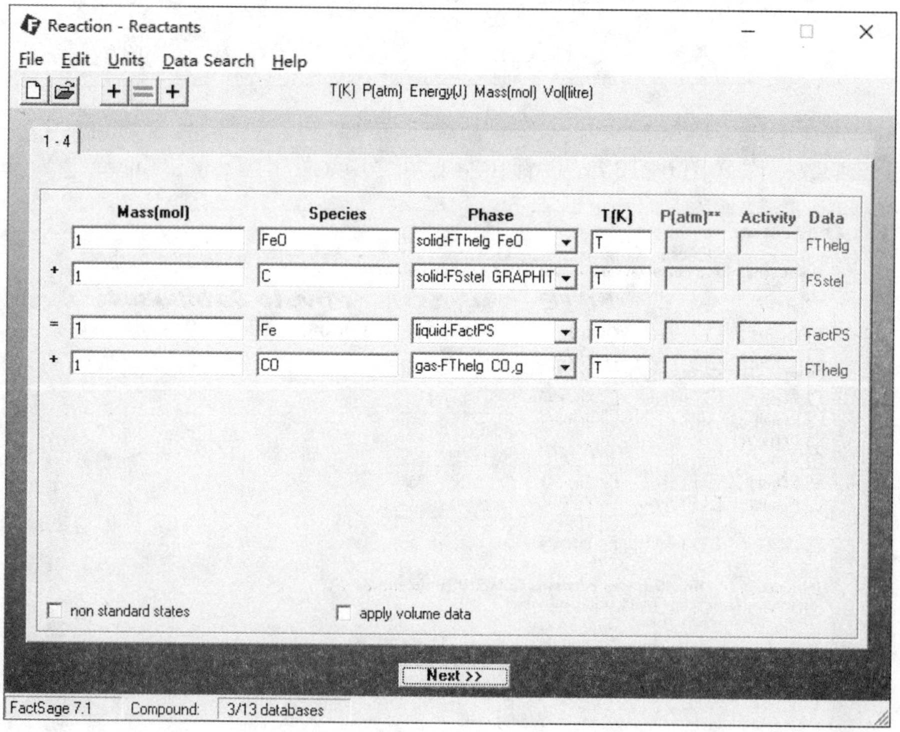

图 6-15

步骤二　左下角给出温度的选取范围，第一个数值是开始的温度，第二个数值是结束的温度，第三个数值是温度间隔，其中各个温度间用空格隔开，最后点击"Calculate"进行计算（图 6-16）。

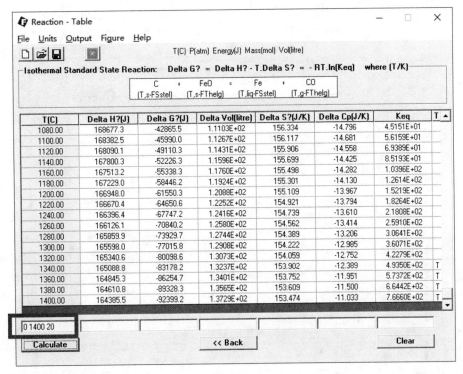

图 6-16

步骤三 选择 Figure→Axes，将 Y-axis 和 X-axis 的横纵坐标设置好，然后点击"OK"（图 6-17 和图 6-18）。

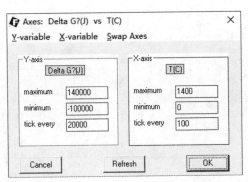

图 6-17

也可直接复制数据到 Excel 中，或者保存为 txt 格式的文件（图 6-19）。

6.4 渣系化学平衡计算

冶金过程中体系组元复杂，如高炉、转炉冶炼过程中炉渣体系组成种类较多，通过实验手段获得化学平衡结果重现性差，人工计算难度也较大。通过 FactSage 既可以计算特定温度压力条件下体系的化学平衡，也可以计算热力学条件变化情况下平衡的转变情况。因此，利用 FactSage 计算复杂体系的化学平衡可对冶金工艺优化、实验设计提供热力学参考。以下以两种炉渣升温过程化学平衡为例介绍其使用方法。

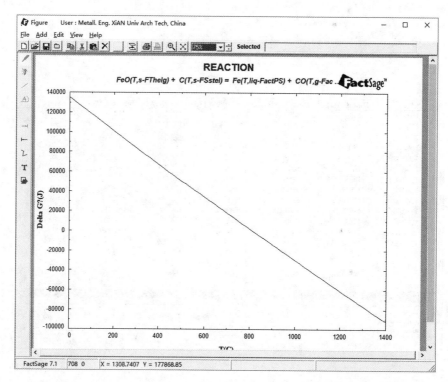

图 6-18

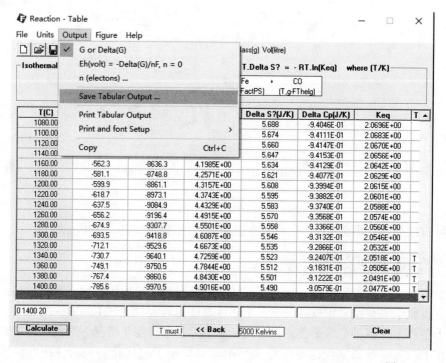

图 6-19

6.4.1　CaO-SiO$_2$-Al$_2$O$_3$-MgO-Na$_2$O 系化学平衡计算

以下以冶金五元脱硫渣系为例，介绍化学平衡的计算方法。

步骤一　进入 FactSage 7.1 界面，选择"Equilib"模块，首先点击左上角"Data Search"，选择所需数据库。接着在左上角"Units"中 T、P、Energy、Mass 和 Vol 设定单位，然后在 Species 区域和 Mass 区域输入相应物质及配比或质量，在 Phase 区域选择每个物质所存在物相（图 6-20 和图 6-21）。

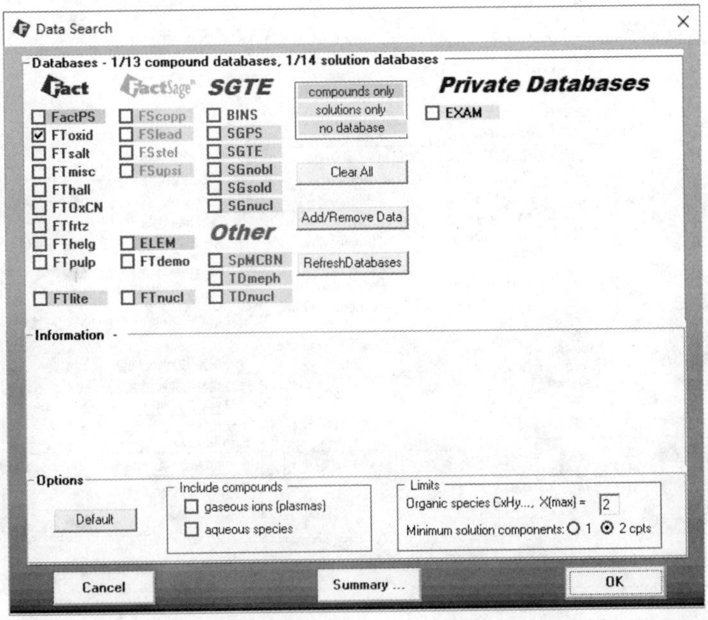

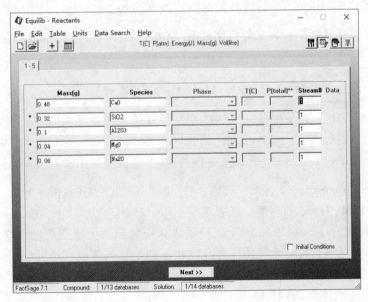

图 6-20

图 6-21

步骤二 在 Compound species 区域选择 Pure liquids 和 Pure solid，接着在 Solution species 区域选择适合的物相，然后在 Final conditions 区域选择所需 T 和 P，在温度设置上，可以给出温度的选取范围，第一个数值是开始的温度，第二个数值是结束的温度，第三个数值是温度间隔，与上面计算 ΔG 和 ΔH 的温度设置一样（图 6-22）。

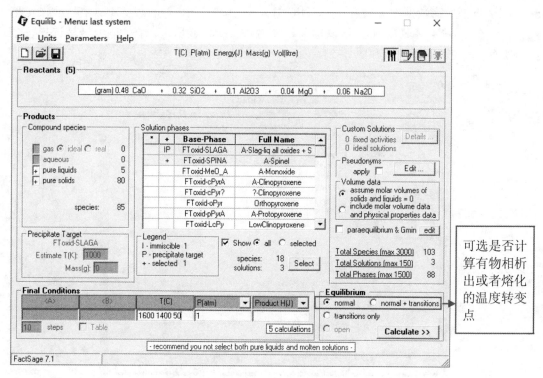

图 6-22

步骤三 按 "Calculate" 进行计算，得到结果（图 6-23）。

步骤四 导出计算结果，可选导出文件 txt 格式，软件自带格式 res 和 xml 等（图 6-24 和图 6-25）。

6.4.2 含变价元素 FeO-CaO-SiO₂-MgO 系化学平衡计算

对于包含 Fe、Mn、Ti 等变价元素的体系，计算体系化学平衡时需要设置体系的氧势（或者氧分压）。数据库除了 FTOxid 氧化物数据库外，还需要一个包含 $O_2(g)$ 的数据库。一般可以选择 FactPS 或者 ELEM 数据库（因为 FTOxid 数据库中没有包含任何气体）。

步骤一 进入 FactSage 7.1 界面，选择 "Equilib" 模块，首先点击左上角 "DataSearch"，选择所需 FactPS 和 FTOxid 数据库。接着在左上角 "Units" 中 T、P、Energy、Mass 和 Vol 设定单位，然后在 Species 区域和 Mass 区域输入相应物质及配比或质量，勾选 Initial Conditions 后在 Phase 区域选择每个物质所存在物相、初始加入温度、压强和是否从一个体系加入，对于单独的熔渣所属同一体系，Stream 可都为 1，若为钢水和熔渣两种体系，则需分别标记为体系 1 和体系 2（图 6-26）。

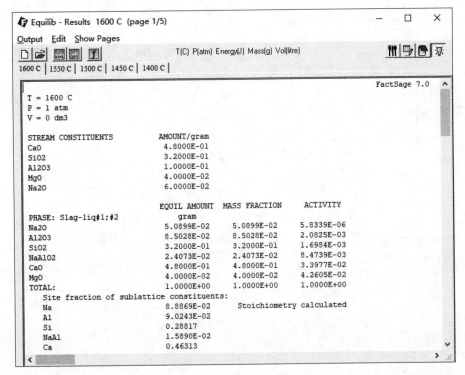

图 6-23

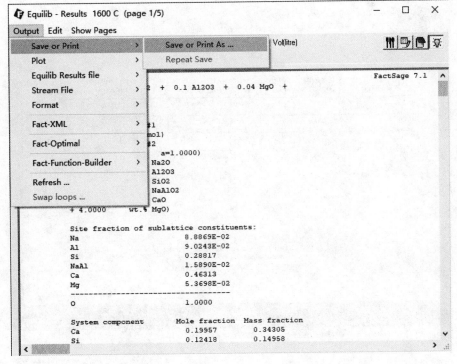

图 6-24

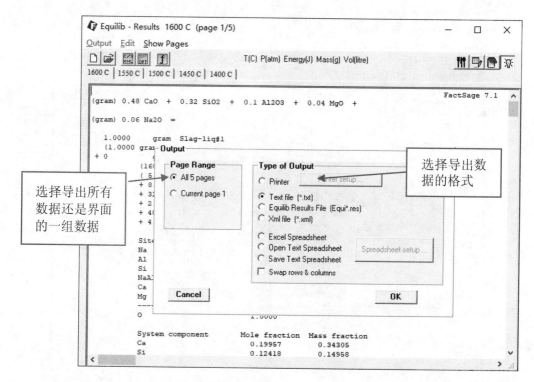

图 6-25

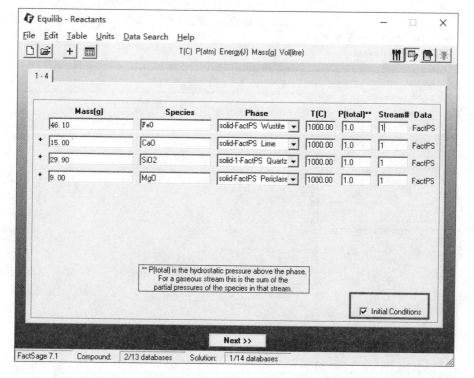

图 6-26

也可不勾选 Initial Conditions，使用系统默认值（图 6-27）。

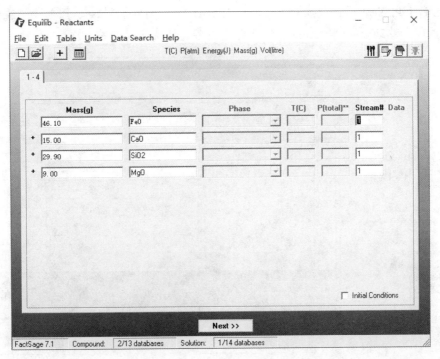

图 6-27

步骤二 在 Compound species 区域选择 Gas、Pure liquids 和 Pure solid，再右击 gas 前 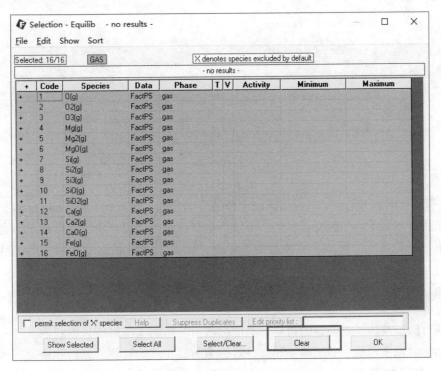 gas，弹出气体设置选项（图 6-28）。

图 6-28

点击右下角 clear 后，选择 $O_2(g)$。再右击 $O_2(g)$ 前的加号 `+  2     O2(g)`，弹出 O_2 设置选项。移动鼠标到"Activity"后浮出设置氧势选项（图 6-29）。

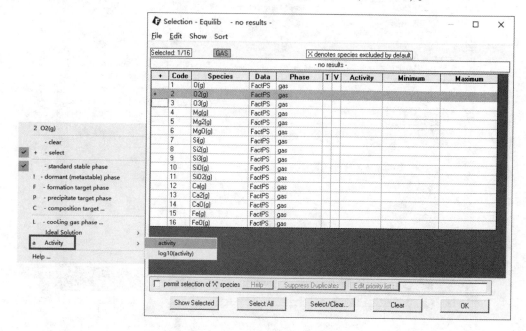

图 6-29

一般设置 log10(activity) 比较方便，点击该选项后弹出以下界面，例如正常大气中氧分压为 0.21atm，log10(0.21) 为 -0.67778，然后点击 OK（图 6-30）。

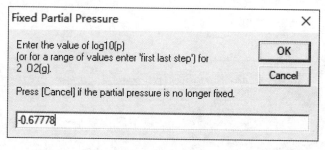

图 6-30

步骤三 接着在 Solution species 区域选择适合的物相，然后在 Final conditions 区域选择整个体系所需 T 和 P，在温度设置上，可以指定某一温度，也可给出温度的选取范围，第一个数值是开始温度，第二个数值是结束温度，第三个数值是温度间隔，点击计算即可（图 6-31）。

6.5 复杂体系相图计算及绘制

相图可以反映体系在一定的组成、温度和压力下达到平衡时所处的状态，已经成为解决冶金实际问题不可缺少的工具。如通过对冶金炉渣相图的计算、分析和研究，可获得炉渣的成分、熔点、流动性、碱度、氧化性等物理化学性质。利用 FactSage 不但可以计算常

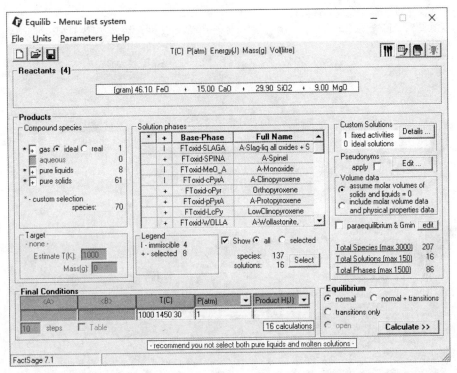

图 6-31

规的二元、三元相图，还可以计算多组元的复杂相图。以下示例介绍炉渣相图的计算和绘制方法。

6.5.1　CaO-SiO₂-Al₂O₃ 三元系相图绘制

步骤一 进入 FactSage 7.1 界面，选择"Phase Diagram"模块（图 6-32）。

步骤二 在右上角选择"Components"，在界面中填写所需渣系中各组元，例如 CaO-SiO₂-Al₂O₃ 三元相图，如果四元或五元相图，继续增加组元（图 6-33）。

步骤三 点击左上角"Data Search"，选择 FToxid 数据库（图 6-34）。

步骤四 在 Menu windows 点击左上角"Variables"，并设置 T 为 projection，Max 为 2600，Min 为 1200，Step 为 50℃，P 为 1atm（图 6-35）。

步骤五 在 Compound species 区域选择 Pure liquids 和 Pure solid，接着在 Solution species 区域选择 FToxid-SLAGA、FToxid-MeO-A、FToxid-Mull 等物相，设定 T、P、Energy、Mass 和 Vol 等单位（图 6-36）。

步骤六 按"Calculate"进行计算，得到结果（图 6-37 为正在绘制的中间图形，未绘制完全）。

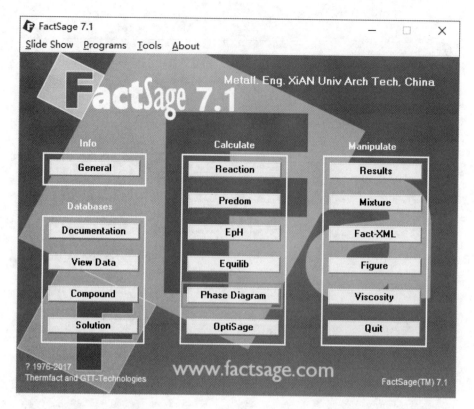

图 6-32

图 6-33

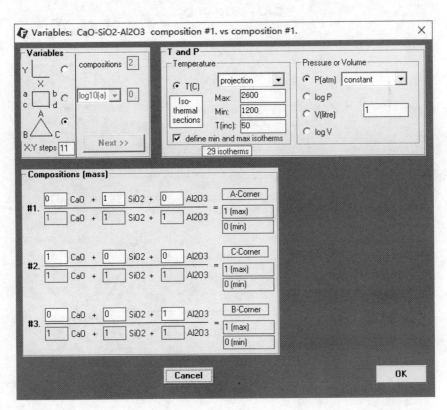

图 6-34

图 6-35

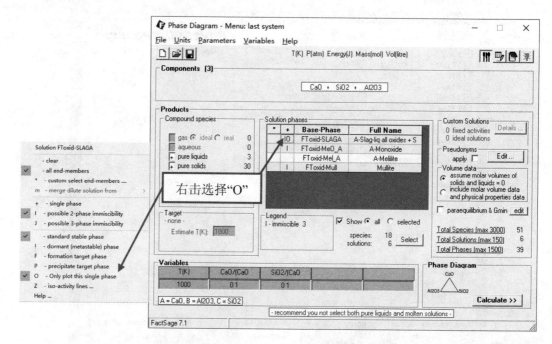

图 6-36

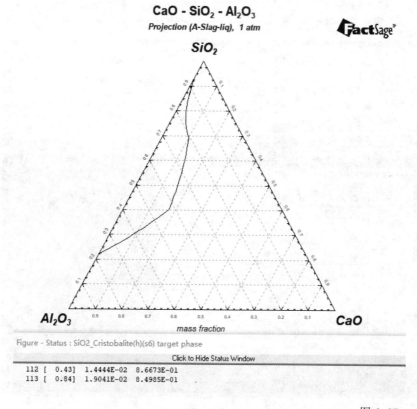

图 6-37

6.5.2　CaO-SiO$_2$-FeO-MgO-NiO 五元系相图绘制

对于四元及以上多元体系的相图，需要选择哪三元作为相图三个角以及其他组元相对质量的确定和换算。

例如 CaO-SiO$_2$-MgO-FeO-NiO 五元渣系，可以首先确定将 CaO、SiO$_2$ 和 FeO 作为相图的三个角，类似三元相图输入五元组分后，当体系中包含 Fe、Mn、Ti 等具有多种价态的变价元素时，计算包含其氧化物的相图时，经常需要特别长的时间都无法计算出，或者计算的相图不完整或者非常奇怪，包含明显错误。因而对于包含 Fe、Mn、Ti 等变价元素的体系，计算氧化物的相图时需要设置体系的氧势（或者氧分压）。数据库除了 FToxid 氧化物数据库外，还需要一个包含 O$_2$(g) 的数据库，一般可以选择 FactPS 或者 ELEM 数据库（因为 FTOxid 数据库中没有包含任何气体）。

步骤一　进入 FactSage 7.1 界面，选择 "Phase Diagram" 模块。

步骤二　点击左上角 "Data Search"，选择 FactPS 数据库和 FToxid 数据库（图 6-38）。

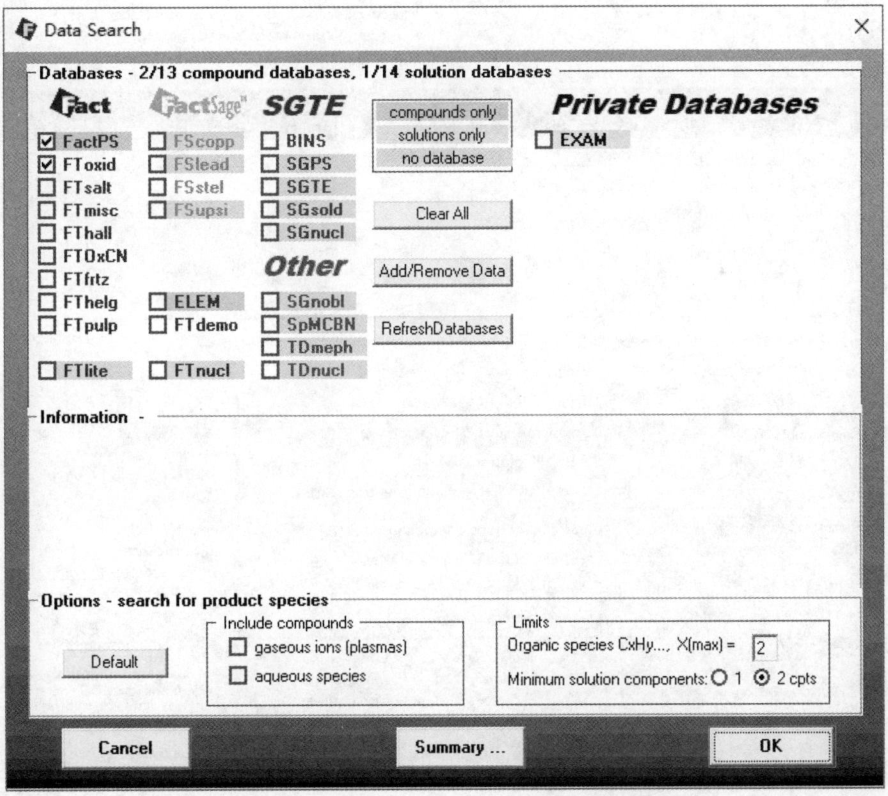

图 6-38

步骤三　在右上角选择 "Components"，在界面中填写所需渣系中各组元（图 6-39）。

步骤四　选择可能的产物，从 FToxid 数据库中检索出的溶液相全部选中，所有的 Solids 全部选中，在 Compound Species 中选择 Pure Solids（图 6-40）。

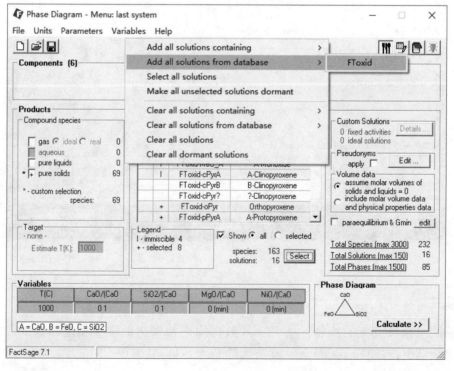

图 6-39

图 6-40

步骤五 在 Menu windows 点击左上角"Variables",点击 Variables 后,跳出窗口如图 6-41 所示。

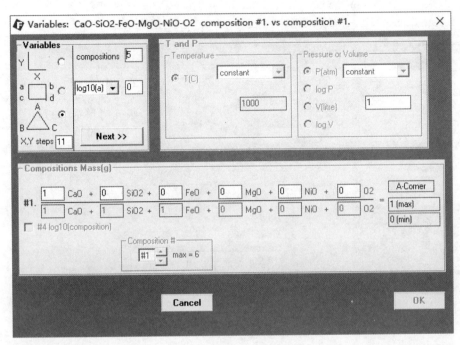

图 6-41

步骤六 将上述 Composition 后的 5 改为 4,将 log10(a) 后面的 0 改为 1 后点击下一步,再设置氧势后,并设置 T 为 projection,Max 为 2000,Min 为 1000,Step 为 100℃,P 为 1atm。窗口变为图 6-42。

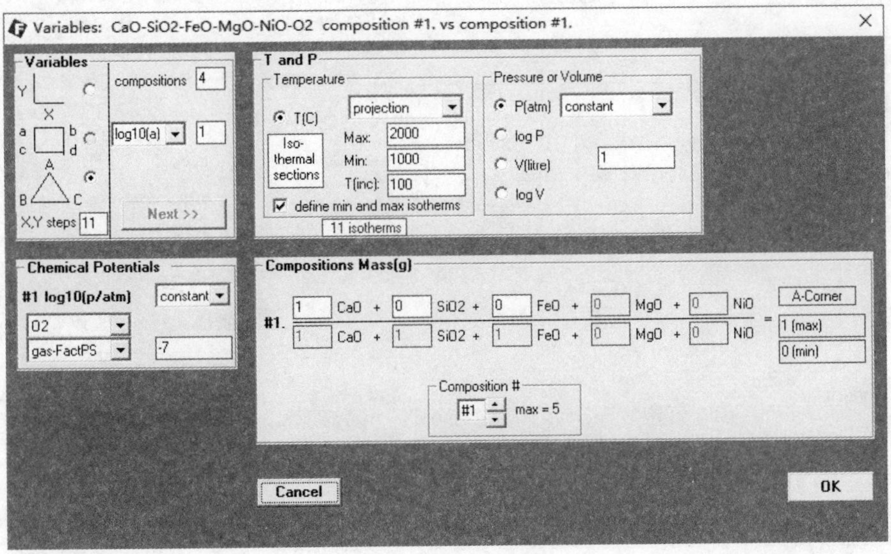

图 6-42

步骤七 按照输入顺序，前三种物质 CaO、SiO$_2$ 和 FeO 将作为相图的三个角，MgO 含量和 NiO 含量需给定，例如若设置 MgO 相对质量含量为 9wt.%，NiO 含量为 0.26wt.%，再点击"OK"（图 6-43）。

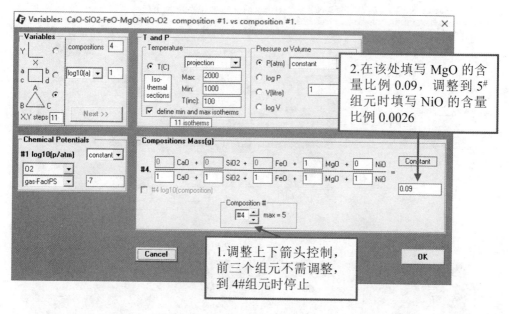

图 6-43

步骤八 勾选 univariants 和 isotherms 后点击计算（图 6-44）。

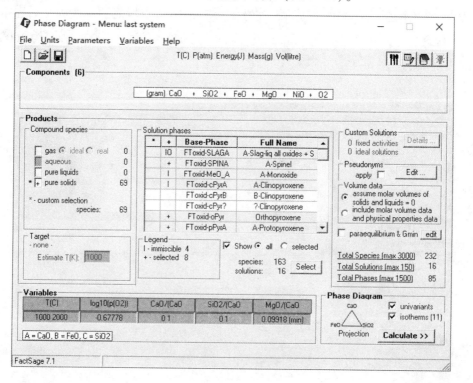

图 6-44

6.6 优势区图绘制

优势区图表示了冶金过程中复杂体系组分间的化学反应达到平衡时的热力学条件和凝聚相组分稳定存在的热力学条件，在冶金工艺研究中应用广泛。利用 FactSage 可便捷地绘制出体系的优势区图，以下以 Cu-S-O 优势区图为例说明其方法。

6.6.1 采用的模块及数据库

采用 Predom 模块计算，数据库可用 FToxid（图 6-45）。

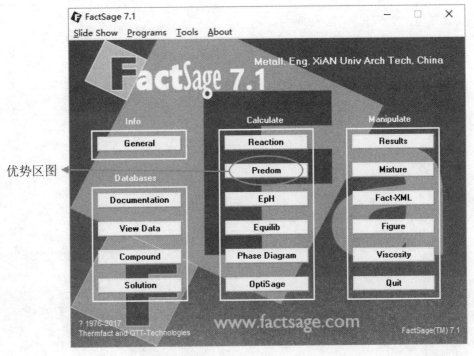

图 6-45

6.6.2 操作步骤

步骤一 选择体系，一种金属、两种金属或者三种金属，确定金属元素及非金属元素。

步骤二 设置计算的体系压力及温度范围，设置 X 轴和 Y 轴二氧化硫的压力和氧气的压力（图 6-46）。

步骤三 点击计算即可，计算出来的这些图形可以保存为图形文件（*.fig）通过 Figure 模块进行编辑，也可导出为 *.bmp，*.emf 和 *.wmf 格式的图形文件（图 6-47）。

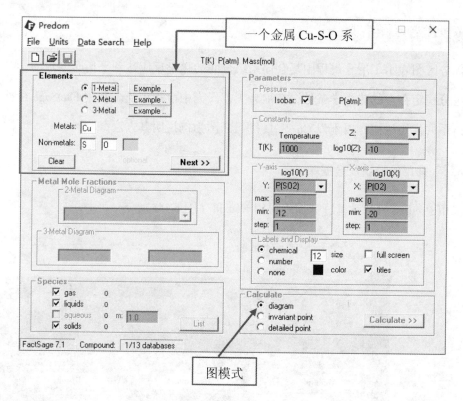

图 6-46

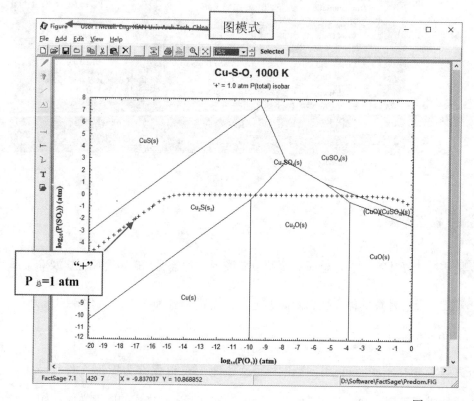

图 6-47

6.7 炉渣黏度和熔化温度计算

FactSage 软件可以计算体系黏度、熔化温度等冶金熔体的基本物性参数，已成为冶金过程热力学模拟和工艺参数优化的有力工具。以下两个例子分别计算炉渣的黏度和熔化温度。

6.7.1 CaO-SiO$_2$-Al$_2$O$_3$-MgO 系炉渣黏度计算

步骤一 选择 Viscosity 模块，设置 CaO-SiO$_2$-Al$_2$O$_3$-MgO 四元渣系组分（图 6-48）。

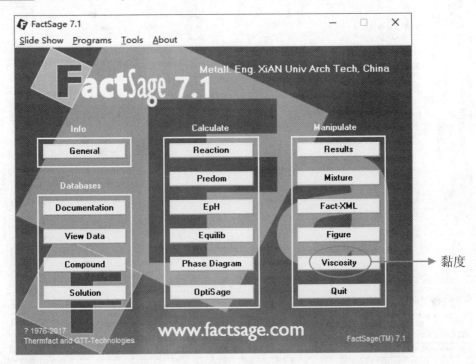

图 6-48

步骤二 设定温度为 1200~1500℃，温度步长为 20℃（图 6-49）。

步骤三 点击"Calculate"，得到的计算结果如图 6-50 所示。

6.7.2 SiO$_2$-Al$_2$O$_3$-Fe$_2$O$_3$-CaO-MgO 系炉渣熔化温度计算

对于多元渣系，其熔化是在一个温度区间中进行的。FactSage 可以计算"开始熔化温度"，也就是体系中由固相开始生成液相的温度；还可以计算"完全熔化温度"，也就是体系中所有固相全部熔化为液相的温度，上述两个温度分别对应于相图中的"固相线温度"和"液相线温度"。

6.7.2.1 计算使用的数据库和计算模块

一般选择 FTOxid 氧化物数据库即可；计算采用 Equilib 多元多相平衡计算模块。

6.7.2.2 计算过程

和通用的多元多相平衡计算过程一样，计算主要分为五个步骤：

步骤一 选择数据库（图 6-51）。

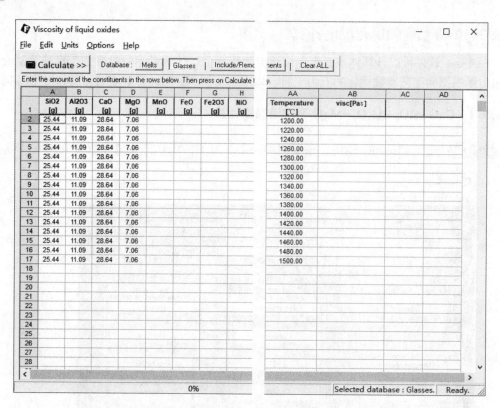

图 6-49

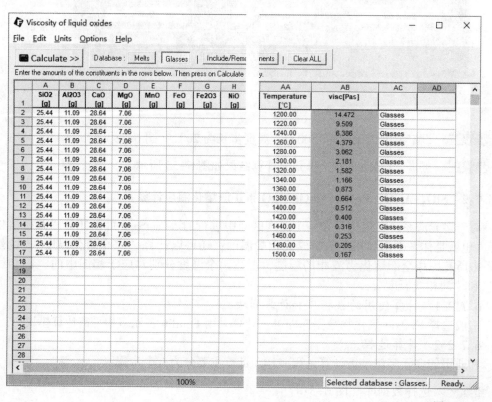

图 6-50

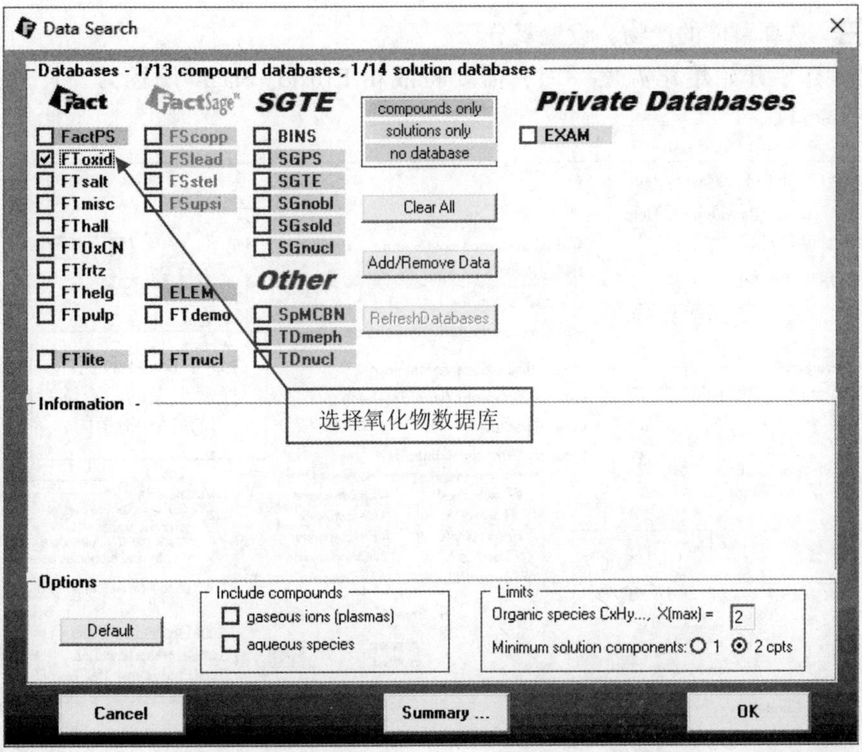

图 6-51

步骤二 输入炉渣组成（图 6-52）。

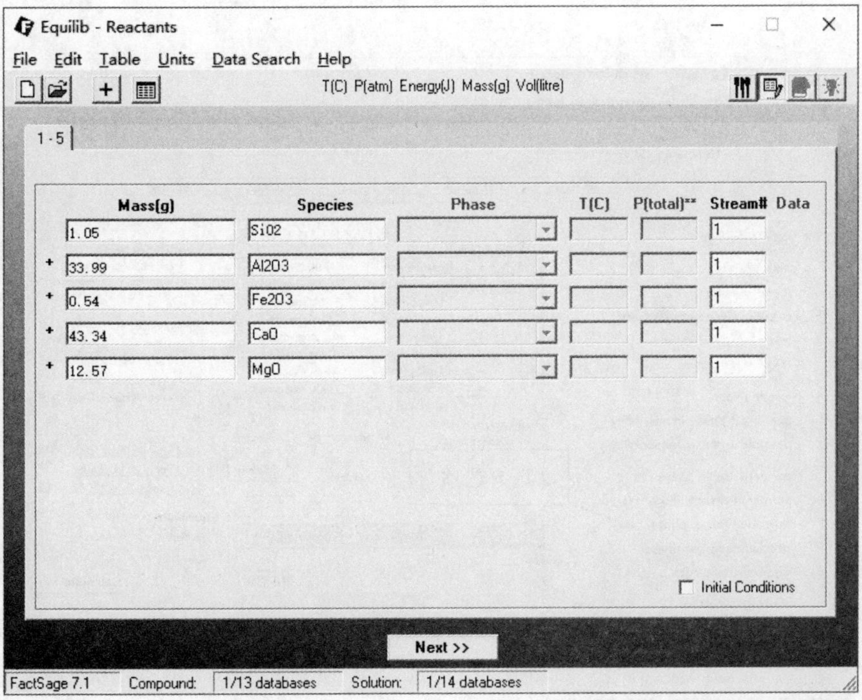

图 6-52

步骤三 选择可能的产物，设置氧分压。

当要计算"开始熔化温度"时，需要将液相 FToxid – SlagA 设置为"F"选项（图 6-53和图 6-54）。

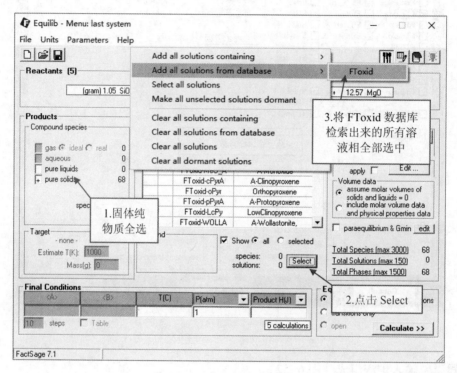

图 6-53

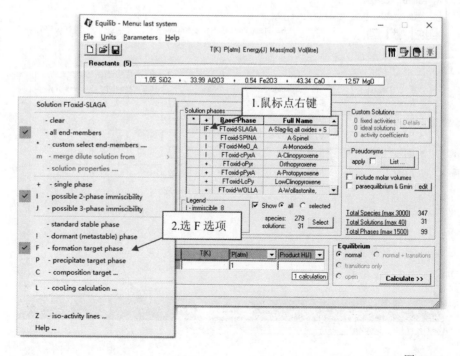

图 6-54

步骤四 设定计算条件（图 6-55）。

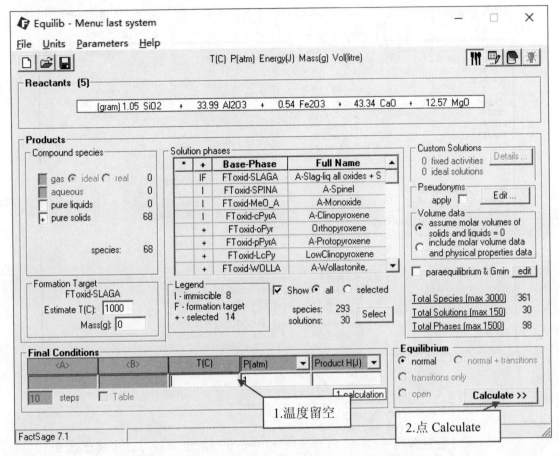

图 6-55

步骤五 炉渣"开始熔化温度"的计算结果如图 6-56 所示。

当要计算"完全熔化温度"时，在可能产物选择中对液相 FTOxid-Slag 相则采用"P"选项来计算（图 6-57）。

计算结果如图 6-58 所示。

6.8 E-pH 图绘制

E-pH 图是表示体系的电极电势与 pH 值关系的图，在电化学中有很重要的意义，能表明反应自动进行的条件，指出物质在水溶液中稳定存在的区域和范围，能为湿法冶金的浸出、净化、电解等过程提供重要的热力学依据。利用 FactSage 可方便的绘制 E-pH 图，以下以 Cu-O-H 的 E-pH 图计算和绘制为例进行说明。

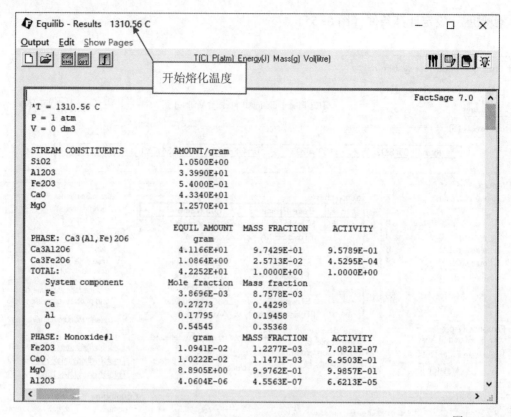

图 6-56

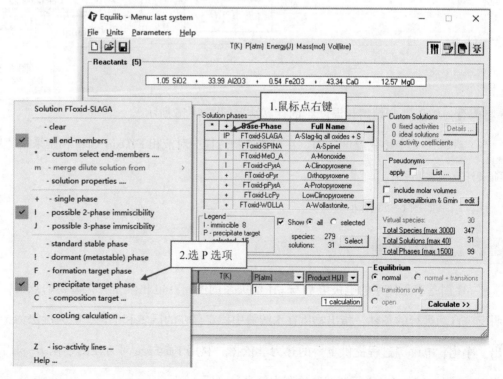

图 6-57

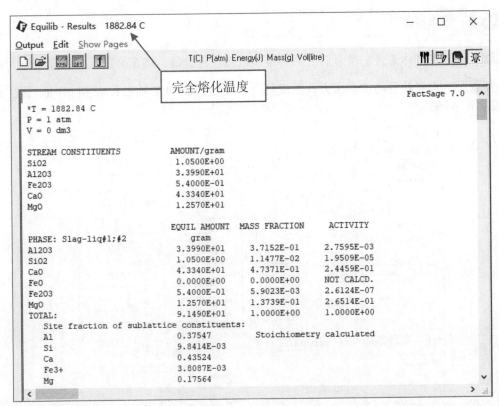

图 6-58

6.8.1 采用的模块及数据库

采用 E-pH 模块计算，数据库可用 FactPS（图 6-59）。

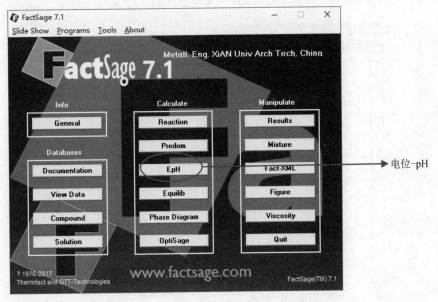

图 6-59

6.8.2　操作步骤

步骤一　选择体系，一种金属、两种金属或者三种金属，确定金属元素及非金属元素。

步骤二　设置计算的体系压力及温度范围，设置 X 轴和 Y 轴电位 E 和 pH 值的范围及步长（图6-60）。

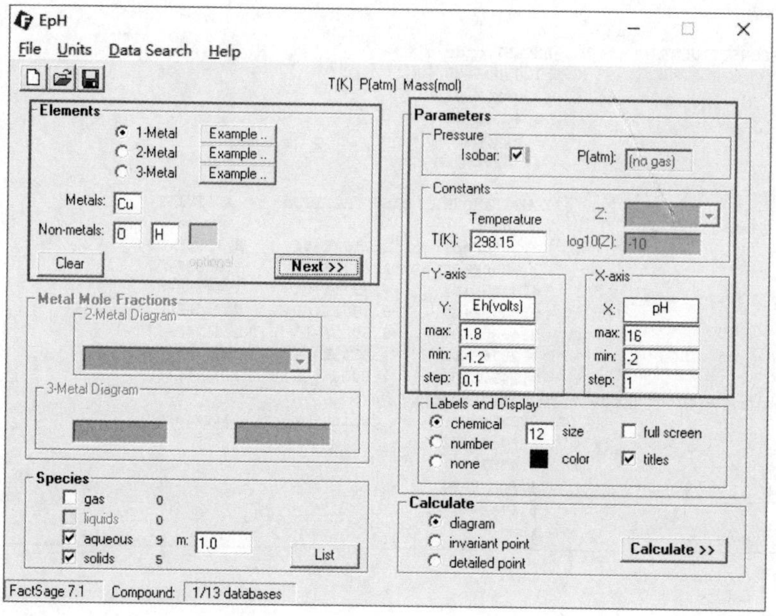

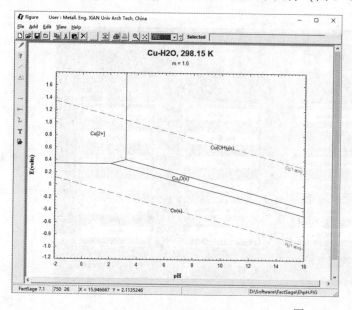

图 6-60

步骤三　点击计算即可，计算出来的图形可以保存为图形文件（ *.fig），通过 Figure 模块进行编辑，也可导出为 *.bmp， *.emf和 *.wmf格式的图形文件（图6-61）。

图 6-61

6.9 铝电解质中氧化铝的溶解度计算

氧化铝溶解度高低是衡量电解质优劣的重要指标，利用 FactSage 可计算不同组分的电解质其氧化铝的溶解能力，以下示例说明。

6.9.1 采用的模块及数据库

采用 Equilib 模块计算，所用的数据库选用 FThall。

6.9.2 操作步骤

步骤一 进入 FactSage 7.1 界面，选择"Equilib"模块。

步骤二 点击左上角"Data Search"，选择 FThall 数据库（图 6-62）。

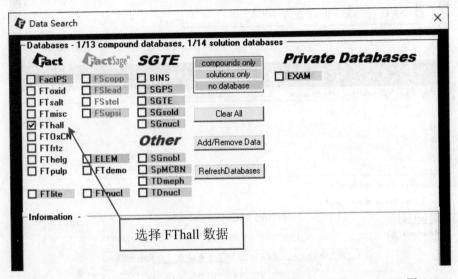

图 6-62

步骤三 输入铝电解质系各组元的质量。氧化铝的数量设置为变量，由软件在下一步计算中求出（这里的 stream# 并不重要，设置为多少没有关系，因为没有设置 Initial Condition，图 6-63）。

步骤四 选择可能产物，Solids 全选，Liquids、gas 不选，Solution 除了 FThall-liq、FThall-fcc、FThall-bcc 外其余全选，然后将 FThall-BathA 设置为 P 选项。

步骤五 设置计算条件，将"A"输入处留空，"T(℃)"处输入要计算的温度，这里是 950℃；"P(atm)"输入 1；Product H(J) 处留空。点击"Calculate"（图 6-64）。

计算后的结果如图 6-65 和图 6-66 所示，表示 100g 电解质中可以溶解 <100A>=100*0.0738=7.38g 的氧化铝而不会有固相析出。

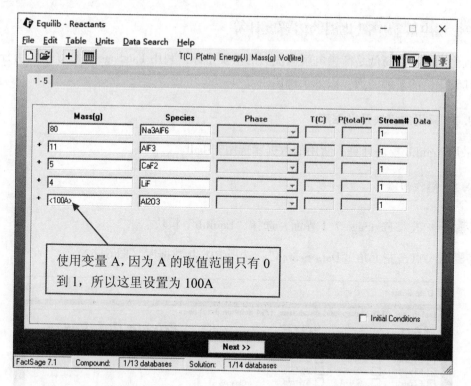

图 6-63

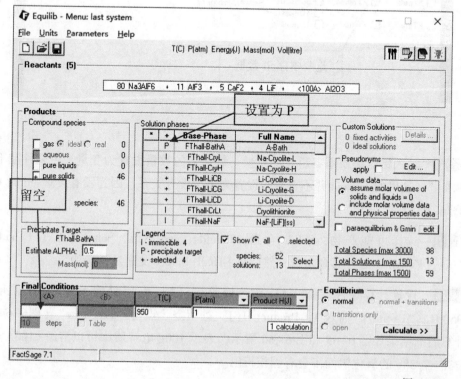

图 6-64

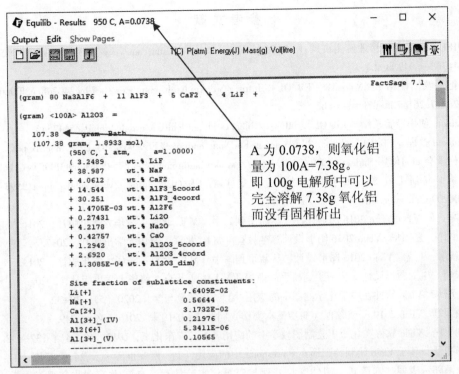

图 6-65

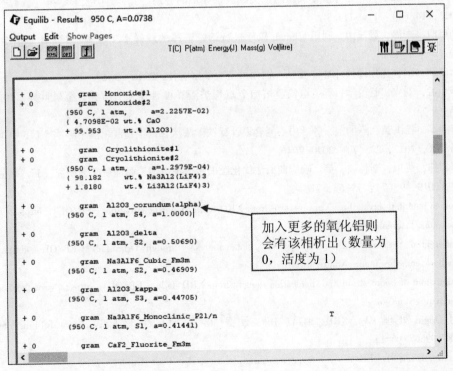

图 6-66

参 考 文 献

［1］2018EndNote 文献管理使用讲解［EB/OL］. https://wenku.baidu.com/view/77f33ff36aec0975f46527d3240c844768eaa049.html.

［2］手把手教你使用 EndNote X8［EB/OL］. https://wenku.baidu.com/view/bc79cc2402d8ce2f0066f5335a8102d277a26147.html?fr=search.

［3］Endnote 使用经验总结［EB/OL］. https://blog.csdn.net/chl033/article/details/5447545.

［4］Endnote 教程［EB/OL］. http://lib.ict.ac.cn/EndNote/endnote%E6%95%99%E7%A8%8B.pdf.

［5］教你学会如何使用 Endnote［EB/OL］. https://wenku.baidu.com/view/754bdcadb9f3f90f76c61bc6.html.

［6］干货丨科研工具 Endnote 使用方法史上最全详解［EB/OL］. https://www.sohu.com/a/259844580_100020962?p=wechat.

［7］吕咏，葛春雷 . Visio 2016 图形设计　从新手到高手［M］. 北京：清华大学出版社，2016.

［8］崔中伟，夏丽华 . Visio 2016 图形设计标准教程［M］. 北京：清华大学出版社，2017.

［9］郭新房，孙岩 . Visio 2013 图形设计　从新手到高手［M］. 北京：清华大学出版社，2014.

［10］宋翔 . Visio 图形设计　从新手到高手（兼容版）［M］. 北京：清华大学出版社，2020.

［11］王曙华 . Visio 软件在中学化学制图中的应用［J］. 化学教与学，2020（5）：30-32.

［12］颜妮姗 . Visio 2010 基础教程（初步基本操作）［J］. 魅力中国，2016（46）：249.

［13］刘卫民 . Visio 软件在化工工艺制图教学中的应用［J］. 广东化工，2013，40（4）：137-138.

［14］李玉翠 . 基于 Visio 绘制的图形在 Powerpoint 中的应用［J］. 网友世界·云教育，2012（9）：5-6.

［15］张鸿郭，庞博，陈镇新 . 固体废物处理与资源化实验教程［M］. 北京：北京理工大学出版社，2018：22-25.

［16］彭爱红 . Minitab 软件在有重复试验的正交试验设计中的应用［J］. 集美大学学报（教育科学版），2013，14（1）：111-114.

［17］刘甲明，李静，梁建山 . 利用 Minitab 软件进行钢管壁厚的双样本 T 检验［J］. 山东冶金，2018，40（4）：53-54.

［18］李庆东 . 试验优化设计［M］. 重庆：西南师范大学出版社，2016：3-6.

［19］李小孟，刘立，赵俊学，等 . 电渣重熔冶金过程炉渣黏度性能研究［J］. 金属世界，2015（5）：56-59.

［20］李海军，杨洪英，陈国宝，等 . 中心复合设计针铁矿法从含钴生物浸出液中除铁［J］. 中国有色金属学报，2013，23（7）：2040-2046.

［21］邢相栋，莫川，李林波，等 . 响应曲面法优化废旧铅酸蓄电池铅膏脱硫工艺研究［J］. 有色金属工程，2019，9（7）：45-53，71.

［22］How to calculate crystallites（grain）size from XRD using Scherrer equation［EB/OL］. https://www.facebook.com/fascinatingNanoWorld.

［23］Differential Scanning Calorimetry（DSC）data analysis through OriginLab［EB/OL］. https://www.facebook.com/fascinatingNanoWorld.

［24］Calculation of micro strain and dislocation density from XRD dada［EB/OL］. https://www.facebook.com/fascinatingNanoWorld.

［25］用 Origin 处理 CV、XRD、TGA、DSC 数据 30 节［EB/OL］. https://www.bilibili.com/video/av87109667?p=15.

［26］Origin 用户指南［EB/OL］. https://www.originlab.com/doc/User-Guide.

［27］李林波，曾文斌，朱军，等 . CFD 数值模拟技术在冶金中的应用［J］. 钢铁研究学报，2011，23（12）：1-4.

［28］吴永全 . 冶金过程数值模拟［EB/OL］. https://wenku.baidu.com/view/9d9bb76b112de2bd960590c69

ec3d5bbfc0ada67.html?fr=search.

[29] 刘斌．Fluent19.0 流体仿真从入门到精通［M］．北京：清华大学出版社，2019.

[30] 李鹏飞，徐敏义，王飞飞．精通 CFD 工程仿真与案例实战：FLUENT GAMBIT ICEM CFD Tecplot ［M］．北京：人民邮电出版社，2011.

[31] 韩占忠．Fluent-流体工程仿真计算实例与分析［M］．北京：北京理工大学出版社，2009.

[32] 王波，沈诗怡，阮琰炜，等．冶金过程中的气液两相流模拟［J］．金属学报，2020，56（4）：619-632.

[33] 朱苗勇，娄文涛，王卫领．炼钢与连铸过程数值模拟研究进展［J］．金属学报，2018，54（2）：131-150.

[34] 何泾渭，黎亚洲，徐洪涛，等．不同氧气浓度下 CH_4 旋流燃烧器燃烧特性的数值模拟［J］．热能动力工程，2018，33（1）：105-111.

[35] 姜楠，刘润藻，朱荣，等．利用丙烷燃烧火焰喷吹铬矿粉的数值模拟研究［J］．工业加热，2017，46（5）：24-27.

[36] 谢集祥，罗钢，刘浏，等．Q235B 钢板坯连铸凝固传热行为的数值模拟计算［J］．特殊钢，2020，41（2）：10-14.

[37] 汤磊，张炯明，翟明智．连铸板坯轧制过程缩孔闭合行为的数值模拟［J］．炼钢，2018，34（4）：59-65.

[38] 董凯，朱荣，何春来，等．氧气顶吹转炉的三相流数值模拟［J］．过程工程学报，2011，11（1）：20-25.

[39] 吕明，李航，李小明，等．EBT 区域底吹流量变化对电弧炉炼钢的影响［J］．钢铁，2019，54（10）：38-44.

[40] FactSage 中文官网［EB/OL］．http://www.factsage.cn/.

[41] Database Documentation［EB/OL］．http://www.crct.polymtl.ca/fact/documentation/.

[42] 朱斌，周进东．基于 FactSage 的脱磷渣中 MgO 饱和溶解度计算［J］．武汉科技大学学报（自然科学版），2020，43（1）：1-6.

[43] 李平，陈子珍，池国镇．FactSage 软件应用于预测煤灰熔融流动温度［J］．锅炉技术，2018，49（3）:17-21.

[44] 韩霄，曹颖川，景东荣，等．FactSage 在钢渣处理研究中的应用［J］．矿产综合利用，2019（3）：102-107.

[45] 吕勇，彭军，蔡长焜，等．稀土铈对钢中含钛夹杂物析出行为的研究［J］．钢铁钒钛，2019，40（3）:93-98.

[46] 田硕，王艺慈，罗果萍，等．某钢厂常用 4 种铁矿粉烧结基础特性［J］．中国冶金，2020，30（4）:12-17.

[47] Cheng Zijian, Guo Jing, Cheng Shusen. Inclusion composition control during LF refining for SPCC using FactSage combined with industrial trials［J］. Journal of Iron and Steel Research, International, 2013, 20（2）:14-20.

[48] 柳哲，王艺慈，赵凤光，等．碱度对包钢高炉渣物理性能的影响［J］．钢铁研究学报，2019，31（8）:696-701.

[49] Hu Pengcheng, Zhang Yimin, Liu Tao, et al. Source separation of vanadium over iron from roasted vanadium-bearing shale during acid leaching via ferric fluoride surface coating［J］. Journal of Cleaner Production, 2018, 181: 399-407.

[50] 赵俊学，李林波，李小明，王碧侠．冶金原理［M］．北京：冶金工业出版社，2012.